工业和信息化部"十二五"规划教材
"十二五"国家重点图书出版规划项目

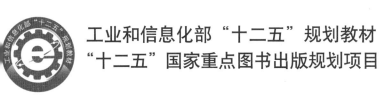

工程力学实验（第2版）

Experiments in Engineering Mechanics

● 樊久铭　刘彦菊　刘　伟　主编

U0223089

哈尔滨工业大学出版社
HARBIN INSTITUTE OF TECHNOLOGY PRESS

内 容 摘 要

本书涵盖了教学大纲要求的全部实验,且注重培养学生的自主学习和创新能力。主要内容包括实验误差分析和数据处理、力学量传感器、理论力学实验、材料力学性能实验、应变电测实验、光测力学实验6个部分。实验误差分析和数据处理主要介绍了相关基础知识;力学量传感器主要介绍了应变式、电容式、电感式、压电式和光纤传感器;理论力学实验主要包括摩擦、转动惯量测试、转子动平衡、单自由度振动、振动法测量流体密度、振动法测压杆临界载荷等实验;材料力学性能实验主要包括材料的拉伸、压缩、扭转、剪切、疲劳力学性能测试;应变电测实验主要包括材料弹性常数测定、弯曲正应力电测、弯扭组合变形的主应力和内力测定、偏心拉伸内力测定、压杆稳定性、电测应力分析设计等实验;光测力学实验主要包括光弹性、云纹干涉、电子散斑干涉等实验。

本书既可作为高等学校工科各专业独立设课的"工程力学实验"的实验教材,也可作为相关专业本科生、研究生的选修和自学教材。

图书在版编目(CIP)数据

工程力学实验/樊久铭,刘彦菊,刘伟主编. —2版.
—哈尔滨:哈尔滨工业大学出版社,2018.12
ISBN 978 - 7 - 5603 - 7869 - 5

Ⅰ.①工…　Ⅱ.①樊…②刘…③刘…　Ⅲ.①工程力学-实验-高等学校-教材　Ⅳ.①TB12 - 33

中国版本图书馆 CIP 数据核字(2018)第 284471 号

策划编辑　杜　燕
责任编辑　杜　燕
出版发行　哈尔滨工业大学出版社
社　　址　哈尔滨市南岗区复华四道街 10 号　邮编 150006
传　　真　0451－86414749
网　　址　http://hitpress.hit.edu.cn
印　　刷　哈尔滨市工大节能印刷厂
开　　本　787mm×1092mm　1/16　印张 10.75　字数 240 千字
版　　次　2015 年 8 月第 1 版　2019 年 1 月第 2 版
　　　　　2019 年 1 月第 1 次印刷
书　　号　ISBN 978 - 7 - 5603 - 7869 - 5
定　　价　26.00 元

第 2 版前言

力学是连接自然科学与工程科学的桥梁,是相关工程领域进行创新研发的理论基础与技术手段。许多工程领域,如机械、土木、航空航天、材料、交通、建筑、能源动力等,其核心技术问题往往归纳为力学问题。而力学实验技术是力学分析解决工程问题的重要技术手段之一。所以,力学实验教学在高等工科教育创新人才培养体系中起着不可替代的重要作用。它不但要培养本学科的创新人才,还肩负着为其他工程学科的学生培养创新能力与综合分析能力的重任。

工程力学实验涉及理论力学和材料力学的实验内容,是一门综合性、工程性很强的实验课程。该课程不仅可以帮助学生深入掌握相关课程的理论内容,还可以提高学生的动手能力和解决工程实际问题的能力,培养学生的创新意识和能力。

本书包括以下主要内容:实验误差分析和数据处理;力学量传感器(应变式传感器、电容式传感器、电感式传感器、压电式传感器、光纤传感器简介等);理论力学实验(静、动滑动摩擦因数及滚动摩阻系数的测量实验,刚体转动惯量测试实验,刚性转子动平衡实验,单自由度振动系统固有频率及阻尼比的测量实验,振动法测量流体密度、振动法测压杆临界载荷);材料力学性能实验(金属材料的拉伸和压缩、低碳钢和铸铁圆轴扭转、剪切、疲劳等实验);应变电测实验(材料弹性常数测定、纯弯曲梁正应力分布测试实验,弯扭组合变形的主应力及偏心矩的测定实验,偏心拉伸内力及偏心矩的测定实验,等强度梁弯曲正应力测定实验,压杆稳定实验,应变片灵敏系数的标定实验,电测应力分析设计实验);光测力学实验(物理光学基础、平面光弹性实验技术、光弹性实验、云纹干涉实验、电子散斑干涉等实验)。为了便于学生了解实验方法,将相关实验设备、仪器简介附于相应实验之后。

本书既可作为高等学校工科各专业"工程力学实验"独立设课时的实验教材,也可作为相关专业本科生、研究生的选修和自学教材。本书是在哈尔滨工业大学力学实验中心多年教学积累基础上,结合国家工科力学教学基地建设和力学国家级实验教学示范中心建设成果,以及参考国内外相关书籍和标准编写而成。本书由樊久铭、刘彦菊、刘伟主编,参加编写的有刘立武、刘文晶、孙新杨、王秋生、吴晓蓉、严勇、赵兵(排名不分先后)。全书由哈尔滨工业大学赵树山教授,上海交通大学陈巨兵教授主审,在此表示衷心的感谢。

由于编者水平有限,书中难免存在一些错误和不足之处,敬请读者批评指正,多提宝贵建议,以便我们进一步完善和修订。

编 者

2018 年 11 月

目　　录

第 1 章　　实验误差分析和数据处理

力学实验的根本目的是通过实验的手段研究力学问题的本质与规律,而这些规律需要对实验测量数据进行分析才能得到。如何能够准确地测量数据和恰当地进行处理,并且给出正确的分析结果,是实验测量的主要工作。因此,有关测量数据的误差分析与处理是参与实验人员的必备知识与技能。本章主要对在力学实验和测试中用到的有关实验误差分析和数据处理的知识进行介绍。

1.1　　误差分析

1.1.1　　误差的基本概念

1.1.1.1　真值

被测物理量的实际值称为真值。绝对的真值是无法获得的,实际测量只能得到真值的近似值。通过大量的测试和不断完善测量手段,可以使测量结果逐渐逼近真值。

一般来说,国际上对各种物理量有公认的长期稳定不变的基准实物和标准器具,规定以其数值作为参考标准。在测量中,经国际协议承认的测量标准,在国际上作为对有关量的其他测量标准定值的依据。由于测量工作是广泛和大量的,因此不可能让所有的测量仪器或量具直接与国家标准进行比较,实际上是通过国家建立的多级计量检定网,按照逐级计量传递关系进行对比。通常某一级仪器以比它高一级(直接上级)的标准仪器为比较基准,并且将基准量值当作真值。在实际测量中,也可以根据需要把被测物理量的理论值或定义值作为真值。

在实际工作中,通常将理论真值(如三角形的内角和为 $180°$)、约定真值(是对于给定目的具有适当不确定度的、赋予特定量的值,有时该值是约定采用的)或公认的权威机构发布的标准参考值等当作真值来使用。

真值是无法测得的。在实验中,当测量的次数很多(可以认为趋于无限)时,根据误差分布定律 —— 正负误差出现的概率相等,再严格地消除系统误差,将测量值加以平均,可以获得非常接近于真值的数值。但是实际上实验测量的次数总是有限的,用有限测量值求得的平均值只能是近似真值,或称为最佳值。

1.1.1.2　绝对误差和相对误差

任何测量都不可避免地带有误差。误差的大小,通常用绝对误差和相对误差来描述。测量值 x 与真值 x_t 之差称为绝对误差 Δ,即

$$\Delta = x - x_t \tag{1.1}$$

绝对误差反映了测量值对于真值的偏差大小,它的单位与给出值单位相同。但绝对误

差往往不能反映测量的可信程度,例如对于量程分别为 100 kN 和 1 kN 的两台试验机,如果测量的绝对误差都是 0.1 kN,它们的可信程度显然不同,而绝对误差并不能反映这种差别。所以,工程上一般采用相对误差 δ,即绝对误差 Δ 与真值 x_t 之比值,并以百分数表示为

$$\delta = \frac{x - x_t}{x_t} \times 100\% \tag{1.2}$$

相对误差 δ 反映了测量值的准确度和可信程度。这样,量程为 100 kN 的试验机,最大测量误差为 0.1 kN 时,满量程的相对误差为

$$\delta = \frac{0.1}{100} \times 100\% = 0.1\%$$

对量程为 1 kN 的试验机,满量程的相对误差则为

$$\delta = \frac{0.1}{1} \times 100\% = 10\%$$

显然,0.1 kN 的绝对误差对 100 kN 的试验机是可以忽略的,而对 1 kN 的试验机则是不允许的。

1.1.1.3 误差来源

测量过程中产生的误差是由多种因素引起的,按其产生原因和性质的不同,可以把误差分为 3 类:系统误差、随机误差和过失误差。

1. 系统误差

系统误差是指测量过程中由一些确定性因素所引起的误差,可以分为定值系统误差和变值系统误差两类。定值系统误差是指在整个测量过程中绝对值和符号保持不变的系统误差。变值系统误差是指随时间、环境参数或测量值的变化按照一定规律变化的系统误差。产生系统误差的原因通常有以下 5 种:

(1) 方法误差

由于测量方法的设计不能完全符合所依据的理论、原理或是由于理论本身不够完善所导致的误差。

(2) 仪器误差

由于测量所使用的仪器、设备不够完善(包括仪器没有经过正确校准)而产生的误差。

(3) 安装误差

由于测量系统布置(布局)不合理、安装不正确以及调整不当而造成的误差。

(4) 环境误差

由于环境因素(温度、湿度、电磁场等)的作用而形成的误差。

(5) 人为误差

由于测量人员的生理特点、心理状态以及个人习惯而引起的误差。

系统误差是有规律的,因此是可以查找并且有可能采取措施加以消除或降低的。例如,试样安装时偏心对纵向变形测量所带来的误差,可以用对称安装两个引伸计,取其读数平均值的方法加以消除;又如增量法可以消除初始读数或调零不准造成的误差。

由上可见,若能确定系统误差的大小和方向,则可以用修正的办法找出真值,即

$$x_t = x - x_m$$

式中 x_m—— 修正值。

2. 随机误差

随机误差也称为偶然误差,是指测量过程中由于随机性因素所引起的误差。在相同条件下多次测量同一对象,即使系统误差已经被控制在极其微小的程度以至于可以将其忽略,所测得的各组数据仍然不会是完全一致的,而是呈不规则的变化,通常表现为数据的最后一位或两位数字有差别,这就是随机误差。

与系统误差相比,随机误差的特点是数值有时大、有时小,符号有时正、有时负,没有确定的变化方向或趋势,因此从表面上看似乎是毫无规律的。随机误差是不明原因(尚未认识的原因)引起的,所以是无法控制的,或者说是不可避免的。但实践表明,通过改进测量仪器、完善测量方法以及提高操作技能,可以在一定程度上减少随机误差。

实际上,随机误差并非完全没有规律性,只不过其规律是统计性的。如果用同一测量系统在相同条件下对同一对象的测量次数达到充分大,可以发现测量结果的随机误差一般是服从正态分布的。随着测量次数的增加,随机误差的算术平均值会逐渐趋近于零。因此,假如没有系统误差存在,随着测量次数的增加,所得测量数据的算术平均值将趋近于真值。

3. 过失误差

过失误差是由于测量人员的技术性失误或非技术性原因造成的误差。这类误差一般是无规则的,但由于是来自人为的错误,因此是可以通过认真细致的测量操作来加以避免的。

在误差分析中,一般不包括这类误差,但必须强调,应该慎重地判明确属过失误差,才能将之剔除。

1.1.1.4　测量数据的精度

在力学实验中所测得的数据,都是近似数。因为无论是测量力值大小的砝码或载荷传感器,还是测量尺寸、位移、应变的量具和引伸计,都不是绝对精确的,其本身的精度是有限的。所谓精度,实际指的是不精确度或不准确度。例如,某实验有 0.1% 的误差,可以笼统地说此试验的精度为 10^{-3},即指其不准确度不会超出 10^{-3}。又如,某试验机的精度为 $\pm 0.5\%$,是包含有两种要求:一是要求此试验机每一读数的随机误差(偶然误差)为 $\pm 0.5\%$。如示值为 15 kN 时,其相对真值在 $15\ 000 \times (1 \pm 0.5\%)$ N $= 15\ 075 \sim 14\ 925$ N 之间,绝对误差为 ± 75 N。而当示值为 1 kN 时,其相对真值在 $1\ 000 \times (1 \pm 0.5\%)$ N $= 1\ 005 \sim 995$ N 之间,绝对误差为 ± 5 N;二是要求最大误差不超过满量程的 $\pm 0.5\%$,即 $0 \sim 10$ kN 量程,其最大误差绝对值 $< 10\ 000$ N $\times 0.5\% = 50$ N;对 $0 \sim 300$ kN 量程,其最大误差绝对值 $< 300\ 000$ N $\times 0.5\% = 1\ 500$ N。通常,对精度要求较低的试验机,只要求满足第二个要求。而对精度要求较高的试验机,两项都必须满足。这些具体要求由国家制定有关标准的单位作出规定。

严格地讲,精度的说法并不严密和准确,它应包括以下 3 种不同的含义。

1. 精密度

实验的"精密度"是衡量随机误差大小的程度,它表示在一定条件下进行重复测量时,各次测量结果相互接近的程度,即是衡量实验测量结果的重复性的尺度。"精密度"高,也就是数据"再现性"好。

2. 准确度

实验的"准确度"是衡量系统误差大小的程度,它表示测量数据接近真值的尺度。在同一实验条件下,系统误差越小,表明测量的"准确度"越高,也就是接近真值的程度越好。

3.精确度

实验的"精确度"是综合衡量系统误差和随机误差大小的量度,它与精密度、准确度紧密相关。

它们的关系可用打靶的情况进行比喻。图 1.1(a) 所示的精密度高,即随机误差小,而准确度低,即系统误差大;图 1.1(b) 所示的准确度高,即系统误差小,而精密度低,即随机误差大;图 1.1(c) 所示的精确度高,即精密度和准确度都高。

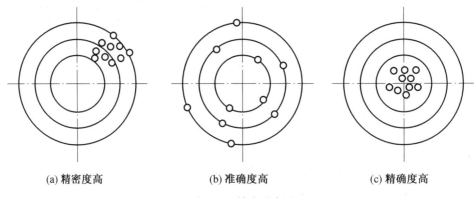

(a) 精密度高　　　　　(b) 准确度高　　　　　(c) 精密度高

图 1.1　精度示意图

仪器和设备的精密度,一般在检定书或说明书上注明。也可以取最小刻度的一半作为一次测量可能的最大误差,故常把每一最小刻度值作为其精密度。这里所指的精密度实际是其分辨能力,即灵敏度。

在设计实验时,应根据实验要求,选择有足够精度的仪器、设备或仪表,并选择合适的量程(最好使用满量程的 50% ~ 80%),以便更好地利用其精度;在实验中,正确地使用和操作实验仪器、设备或仪表以及正确地读数,才能得到尽可能好的精确度。

1.1.2　误差的正态分布理论

1.1.2.1　误差的基本性质

1. 误差的正态分布

随机误差的出现虽然没有确定的规律,但经统计研究表明,它通常都是呈正态分布的(图 1.2),并具有以下特征:

（1）有界性

极大的正误差或负误差出现的概率都非常小,因而经验分布曲线总有一实际范围,即误差绝对值不会超过一定的界限。

（2）单峰性

分布曲线中间高、两端渐低而接近于横轴,表明误差以较大的可能性分布于 0 附近,即绝对值小的误差出现的可能性大,而绝对值大的误差出现的可能性小,即误差的概率与误差的大小有关。

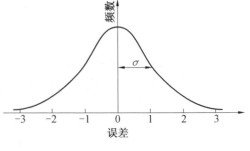

图 1.2　误差的正态分布

（3）对称性

分布曲线关于纵坐标对称，绝对值相等的正误差和负误差出现的次数大致相等，即正负误差出现的概率相同。

（4）抵偿性

由误差的对称性和有界性可知，这类误差在叠加时有正负抵消的作用，即同条件下多次测量误差的算术平均值，随着测量次数的增加而趋于零。这一性质是极为重要的，利用这一性质建立的数据处理法则可有效地减小随机误差的影响。

描述上述几个特征的数学表达式由高斯提出：

$$f(x) = \frac{1}{\sigma\sqrt{2\pi}} e^{-\frac{(x-\bar{x})^2}{2\sigma^2}} \tag{1.3}$$

式中　　e—— 自然对数的底数，e＝2.78；

　　　　$\bar{x}$—— 平均值；

　　　　σ—— 标准误差。

式（1.3）称为高斯误差分布定律，亦称为误差方程。随机变量 x 具有上述特征的分布，称为正态分布。

2. 算术平均值

当采用不同的方法计算平均值时，所得到的误差值不同，误差出现的概率亦不同。若选取适当的计算方法，使误差最小，而概率最大，由此计算的平均值为最佳值。对于一组精度相同的观测值，采用算术平均得到的值是该组观测值的最佳值。证明如下：

因为讨论的是随机误差，即无系统性误差，故每次测量的误差为

$$\Delta_i = x_i - x_t \quad (i = 1,2,3,\cdots,n)$$

误差的算术平均值为

$$\frac{\sum\limits_{i=1}^{n} \Delta_i}{n} = \frac{\sum\limits_{i=1}^{n}(x_i - x_t)}{n} = \frac{\sum\limits_{i=1}^{n} x_i}{n} - x_t = \bar{x} - x_t \tag{1.4}$$

根据随机误差的抵偿性，应有 $\sum\limits_{i=1}^{n} \dfrac{\Delta_i}{n} \to 0$（当 $n \to \infty$ 时），则 $\bar{x} \to x_t$，即算术平均值趋于真值，故算术平均值是最佳值。

实际上，任何实验和测量都是有限次的，因此我们能得到的只是估计值，即

$$\bar{x} = \frac{\sum\limits_{i=1}^{n} x_i}{n} \tag{1.5}$$

3. 标准误差（方差）

算术平均值虽然表征了测量的最佳值，但它不能反映测量精密度的好坏。精密度的表示方法虽有多种，但在工程中最通用的也是较为优越的方法是把各个误差的平方累加起来再取平均，称为方差，用 σ^2 表示，即

$$\sigma^2 = \frac{\sum\limits_{i=1}^{n} \Delta_i^2}{n} \quad (n \to \infty) \tag{1.6}$$

标准误差为

$$\sigma = \sqrt{\dfrac{\sum\limits_{i=1}^{n} \Delta_i^2}{n}} = \sqrt{\dfrac{\sum\limits_{i=1}^{n} (x_i - x_t)^2}{n}} \quad (n \to \infty) \tag{1.7}$$

采用标准误差的优点,是误差通过平方后得到更明显的反映,即更灵敏些,而且在数学处理上也较为方便。

对于有限次的实验和测量,因为各个偏差之和为零,即 $\sum\limits_{i=1}^{n} (x_i - \bar{x}) = 0$,所以 n 个偏差中只有 $(n-1)$ 个是独立的。因此,均方根误差或标准误差 σ 改为

$$\sigma = \sqrt{\dfrac{\sum\limits_{i=1}^{n} (x_i - \bar{x})^2}{n-1}} \tag{1.8}$$

标准误差不是一个具体的误差,σ 的大小只说明在一定条件下等精度测量集合所属的每一个观测值对其算术平均值的分散程度。如果 σ 值越小则说明每一次测量值对其算术平均值的分散度就越小,测量精度就越高,反之精度就越低。因此,它反映了测量值在算术平均值附近的分散和偏差程度。

1.1.2.2　正态分布随机误差的统计规律及其表述

通常随机误差服从或近似服从正态分布,因此,正态分布规律构成了误差理论的基本内容之一。这里,对正态分布误差的讨论仍需使用分布密度(或分布函数)与数字特征。

对某一量 X 进行多次重复测量(每次测量用的仪器、方法、测量者、测量环境等所有的测量条件都不改变),由于随机误差因素的作用,各次测量结果都不相同,这些结果按一定的规律分布。为给出这一分布规律,现作出其统计直方图。

在直角坐标中,由横坐标给出测量结果,将测量结果的取值范围等分为适当数量(m)的区间,每一区间间隔为 Δx。设测量次数为 n,计数测量结果落入每一区间的数目为 $n_i(i=1, 2,\cdots,m)$。以 Δx 为底,以 $n_i/(n\Delta x)$ 为高在坐标图中第 i 区间作矩形,所得矩形的面积即为测量结果在该区间上的频率 n_i/n(即相应概率的近似)。依此类推,在各区间上作出这样的矩形,由这些矩形排列而成的图形就称为统计直方图,如图 1.3 所示。显而易见,直方图的面积总和应为 1。

连接各矩形上边中点而得一曲线,这是通过统计实验得到的分布密度曲线,这一曲线称为经验分布曲线。经验分布曲线给出了测量结果的概率分布,其相应的纵坐标为概率密度,其某区段的面积即代表了相应的概率。增加测量次数 n 可使各组频率 n_i/n 趋于稳定。而增加区间数目、减小区间间隔,则可使直方图变得精细,相应的经验曲线则变得圆滑。即测量次数 n 越多,分组间距 Δx 越小,所得经验分布曲线就越可靠。

将坐标原点位置移至 X 处,则相应横坐标应为 $\delta = x - X$(相当于进行了坐标变换),经验分布曲线则为 δ 的分布曲线,这就是随机误差的正态经验分布曲线(图 1.4)。分析这一分布曲线可知,这一误差分布满足正态分布。

一般地说,不论随机误差服从何种分布,只要其数学期望 $E(\delta) = 0$,则该随机误差就有抵偿性。

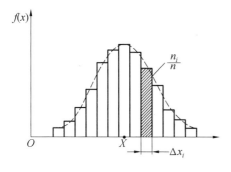

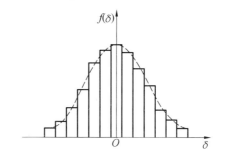

图 1.3　统计直方图　　　　　　　　　　图 1.4　随机误差的正态经验分布曲线

1.1.3　误差的传递

在测量中,有些物理量是能够直接测量的,如长度、时间等,有些物理量是不能直接测量的。对于这些不能直接测量的物理量,必须通过一些能直接测得的数据,依据一定的公式计算才能得到。如在实验室测定材料的弹性模量 E,直接测量量有:试样横截面面积 A、长度 l、载荷 F 及变形 Δl,然后再由公式(函数)$E = \dfrac{Fl}{A\Delta l}$ 来计算。函数式中每一物理量都各有其测量误差,由此必然导致函数 E 产生误差。那么如何根据各直接测量物理量的误差来估计函数的误差呢?若限定函数的误差时各直接测量允许的测量误差是多少?下面有关误差传递的分析就是用于解决这类问题的。

1.已知自变量的误差求函数的误差

设有函数 $y = f(x_1, x_2, \cdots, x_r)$,式中 y 为间接测量值,x_i 为直接测量值。若以 $\mathrm{d}x_1$, $\mathrm{d}x_2, \cdots, \mathrm{d}x_r$ 分别表示测量 $x_1, x_2, x_3, \cdots, x_r$ 时的误差,$\mathrm{d}y$ 代表由 $\mathrm{d}x_1, \mathrm{d}x_2, \cdots, \mathrm{d}x_r$ 引起的函数 y 的误差,则有

$$y \pm \mathrm{d}y = f(x_1 \pm \mathrm{d}x_1, x_2 \pm \mathrm{d}x_2, \cdots, x_r \pm \mathrm{d}x_r) \tag{1.9}$$

将上式右端按 Taylor 级数展开,并略去二阶以上的微量得

$$f(x_1 \pm \mathrm{d}x_1, x_2 \pm \mathrm{d}x_2, \cdots, x_r \pm \mathrm{d}x_r) =$$
$$f(x_1, x_2, \cdots, x_r) \pm \left(\frac{\partial f}{\partial x_1}\mathrm{d}x_1 + \frac{\partial f}{\partial x_2}\mathrm{d}x_2 + \cdots + \frac{\partial f}{\partial x_r}\mathrm{d}x_r \right) \tag{1.10}$$

由此可见

$$\mathrm{d}y = \frac{\partial f}{\partial x_1}\mathrm{d}x_1 + \frac{\partial f}{\partial x_2}\mathrm{d}x_2 + \cdots + \frac{\partial f}{\partial x_r}\mathrm{d}x_r \tag{1.11}$$

上式即为函数 $y = f(x_1, x_2, \cdots, x_r)$ 的全微分。如果对 $x_1, x_2, x_3, \cdots, x_r$ 进行了 n 次测量,由上式可知某单次(第 i 次)测量的误差可记为

$$\mathrm{d}y_i = \frac{\partial f}{\partial x_1}\mathrm{d}x_{1i} + \frac{\partial f}{\partial x_2}\mathrm{d}x_{2i} + \cdots + \frac{\partial f}{\partial x_r}\mathrm{d}x_{ri} \tag{1.12}$$

将 n 次测量结果两边平方后求和,由于正负误差出现的概率相等,当 n 足够大时,非平方项可对消,可得

$$\sum_{i=1}^{n}\mathrm{d}y_i^2 = \left(\frac{\partial f}{\partial x_1}\right)^2 \sum_{i=1}^{n}\mathrm{d}x_{1i}^2 + \left(\frac{\partial f}{\partial x_2}\right)^2 \sum_{i=1}^{n}\mathrm{d}x_{2i}^2 + \cdots + \left(\frac{\partial f}{\partial x_r}\right)^2 \sum_{i=1}^{n}\mathrm{d}x_{ri}^2 \tag{1.13}$$

两边除以 n 再开方得标准误差 σ,即

$$\sigma_y = \sqrt{\left(\frac{\partial f}{\partial x_1}\right)^2 \sigma_1^2 + \left(\frac{\partial f}{\partial x_2}\right)^2 \sigma_2^2 + \cdots + \left(\frac{\partial f}{\partial x_r}\right)^2 \sigma_r^2} \tag{1.14}$$

式中　　$\dfrac{\partial f}{\partial x_i}$ —— 误差传递系数。

需要指出的是,上述各公式是建立在对每一独立的直接测量值进行多次等精度独立测量的基础上得到的,否则,上述公式严格地说将不成立。对于间接测量值与各直接测量值之间呈非线性函数关系的情况,上述公式只是近似的,只有当计算 y 的误差允许作线性近似时才能使用。表 1.1 给出一些常见函数形式的误差传递公式。

表 1.1　常见函数形式的误差传递公式

函数式	误差传递公式	
	最大绝对误差 Δy	最大相对误差 δ_r
$y = x_1 + x_2 + x_3$	$\Delta y = \pm(\lvert \Delta x_1 \rvert + \lvert \Delta x_2 \rvert + \lvert \Delta x_3 \rvert)$	$\delta_r = \dfrac{\Delta y}{y}$
$y = x_1 + x_2$	$\Delta y = \pm(\lvert \Delta x_1 \rvert + \lvert \Delta x_2 \rvert)$	$\delta_r = \dfrac{\Delta y}{y}$
$y = x_1 x_2$	$\Delta y = \pm(\lvert x_1 \Delta x_2 \rvert + \lvert x_2 \Delta x_1 \rvert)$	$\delta_r = \pm\left(\left\lvert \dfrac{\Delta x_1}{x_1} + \dfrac{\Delta x_2}{x_2} \right\rvert\right)$
$y = x_1 x_2 x_3$	$\Delta y = \pm(\lvert x_1 x_2 \Delta x_3 \rvert + \lvert x_1 x_3 \Delta x_2 \rvert + \lvert x_2 x_3 \Delta x_1 \rvert)$	$\delta_r = \pm\left(\left\lvert \dfrac{\Delta x_1}{x_1} + \dfrac{\Delta x_2}{x_2} + \dfrac{\Delta x_3}{x_3} \right\rvert\right)$
$y = x^n$	$\Delta y = \pm(nx^{n-1}\Delta x)$	$\delta_r = \pm\left(n\left\lvert \dfrac{\Delta x}{x} \right\rvert\right)$
$y = \sqrt[n]{x}$	$\Delta y = \pm\left(\dfrac{1}{n}x^{\frac{1}{n}-1}\Delta x\right)$	$\delta_r = \pm\left(\dfrac{1}{n}\left\lvert \dfrac{\Delta x}{x} \right\rvert\right)$
$y = \dfrac{x_1}{x_2}$	$\Delta y = \pm\left(\dfrac{x_2 \Delta x_1 + x_1 \Delta x_2}{x_2^2}\right)$	$\delta_r = \pm\left(\left\lvert \dfrac{\Delta x_1}{x_1} + \dfrac{\Delta x_2}{x_2} \right\rvert\right)$
$y = cx$	$\Delta y = \pm\lvert c\Delta x \rvert$	$\delta_r = \pm\left(\left\lvert \dfrac{\Delta x}{x} \right\rvert\right)$
$y = \lg x$	$\Delta y = \pm\left\lvert 0.4343\dfrac{\Delta x}{x} \right\rvert$	$\delta_r = \dfrac{\Delta y}{y}$
$y = \ln x$	$\Delta y = \pm\left\lvert \dfrac{\Delta x}{x} \right\rvert$	$\delta_r = \dfrac{\Delta y}{y}$

2. 已知函数的误差求自变量的误差

在间接测量中,当给定了函数 y 的误差 σ_y,再反过来求各个自变量误差的允许值,以保证达到对已知函数的误差要求,这就是函数误差的分配。误差分配是在保证函数误差在要求的范围内,根据各个自变量的误差来选择相应的适当仪表。

首先按照等作用原则分配误差。等作用原则认为各个部分误差对函数误差的影响相等,即

$$\frac{\partial f}{\partial x_1}\mathrm{d}x_1 = \frac{\partial f}{\partial x_2}\mathrm{d}x_2 = \cdots = \frac{\partial f}{\partial x_r}\mathrm{d}x_r \leqslant \frac{\mathrm{d}y}{r} \tag{1.15}$$

其中

$$\mathrm{d}x_1 = \frac{\mathrm{d}y}{r\frac{\partial f}{\partial x_1}}, \mathrm{d}x_2 = \frac{\mathrm{d}y}{r\frac{\partial f}{\partial x_2}}, \cdots, \mathrm{d}x_r = \frac{\mathrm{d}y}{r\frac{\partial f}{\partial x_r}} \qquad (1.16)$$

$$\sigma_y = \sqrt{\left(\frac{\partial f}{\partial x_1}\right)^2 \sigma_1^2 + \left(\frac{\partial f}{\partial x_2}\right)^2 \sigma_2^2 + \cdots + \left(\frac{\partial f}{\partial x_r}\right)^2 \sigma_r^2} = \sqrt{r\left(\frac{\partial f}{\partial x_i}\right)^2 \sigma_i^2} = \sqrt{r}\,\frac{\partial f}{\partial x_i}\sigma_i \quad (1.17)$$

$$\sigma_1 = \frac{\sigma_y}{\sqrt{r}\,\frac{\partial f}{\partial x_1}}, \sigma_2 = \frac{\sigma_y}{\sqrt{r}\,\frac{\partial f}{\partial x_2}}, \cdots, \sigma_r = \frac{\sigma_y}{\sqrt{r}\,\frac{\partial f}{\partial x_r}} \qquad (1.18)$$

如果各个测量值误差满足上式,则所得的函数误差不会超过允许的给定值。

因为计算得到的各个局部误差都相等,这对于其中有的测量值,要保证其误差不超出允许范围较为容易实现,而对有的测量值就难以满足要求,因此按等作用原则分配误差可能会出现不合理的情况。同时当各个部分误差一定时,相应测量值的误差与其传递函数成反比。所以尽管各个部分误差相等,但相应的测量值并不相等,有时可能相差很大。由于存在以上情况,对等作用原则分配的误差,必须根据具体情况进行调整,对难以实现的误差项适当扩大,对容易实现的误差项尽可能缩小,而对其余项不予调整。

误差调整后,应按误差分配公式计算总误差,若超出给定的允许误差范围,应选择可能缩小的误差项进行补偿。若发现实际总误差较小,还可以适当扩大难以实现的误差项。

例1.1　如图1.5所示的悬臂梁,要求测量应力的误差不大于2%,问各被测量F,l,b,h允许多大误差?

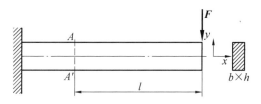

图 1.5　悬臂梁示意图

解　悬臂梁任意截面 $A-A'$ 处最大正应力公式为

$$\sigma_{\max} = \frac{My_{\max}}{I_z} = \frac{6Fl}{bh^2} = f(F,l,b,h)$$

首先计算

$$\frac{\partial f}{\partial F} = \frac{6l}{bh^2} = \frac{\sigma_{\max}}{F}$$

$$\frac{\partial f}{\partial l} = \frac{6F}{bh^2} = \frac{\sigma_{\max}}{l}$$

$$\frac{\partial f}{\partial b} = -\frac{6Fl}{b^2h^2} = -\frac{\sigma_{\max}}{b}$$

$$\frac{\partial f}{\partial h} = -\frac{12Fl}{bh^3} = -\frac{2\sigma_{\max}}{h}$$

再根据公式(1.18)计算各直接测量量允许的误差,即

$$S_F = \frac{S_\sigma}{\sqrt{r}\,\frac{\partial f}{\partial F}} = \frac{\pm 0.02\sigma_{\max}}{\frac{2\sigma_{\max}}{F}} = \pm 0.01F$$

$$S_l = \frac{S_\sigma}{\sqrt{r}\,\dfrac{\partial f}{\partial l}} = \frac{\pm 0.02\sigma_{\max}}{\dfrac{2\sigma_{\max}}{l}} = \pm 0.01l$$

$$S_b = \frac{S_\sigma}{\sqrt{r}\,\dfrac{\partial f}{\partial b}} = \frac{\pm 0.02\sigma_{\max}}{\dfrac{-2\sigma_{\max}}{b}} = \pm 0.01b$$

$$S_h = \frac{S_\sigma}{\sqrt{r}\,\dfrac{\partial f}{\partial h}} = \frac{\pm 0.02\sigma_{\max}}{\dfrac{-4\sigma_{\max}}{h}} = \pm 0.01h$$

由此可知,为保证测量应力的误差不大于 2%,各直接测量量 F,l,b,h 允许的误差均不应超过 1%。

1.2　数据处理

1.2.1　实验数据的记录

1.2.1.1　有效数字

测量中把准确数字加上最后一位有实际意义的估计数字,称为有效数字。测量结果用它的有效数字表示,有效数字的个数称为有效位数。由于任何测量值都存在误差,在记录实验数据时,最后一位数字是估计值,是可疑的。记录测量数值时,只保留一位可疑数字,即最末一位数是可疑的,其余各位数必须都是有意义的数字。通常,测量值的有效数字依据仪器的精度确定有效位数。测量结果的有效位数越多,其相对不确定度越小,精确度越高。例如,10.1 表示有效数字为三位;100.1 表示有效数字为四位。对于 0.000 12 这样的数字,则只有两位有效数字,数字"1"之前的"0"均不是有效数字。而 1.200、10.20 这样的数字,则表示有效数字为四位。采用科学计数法时,若写为 1.2×10^4,表示有效数字为两位;若写为 1.20×10^4,表示有效数字为三位。

在有效数字的加减计算中,各数所保留的位数,应与各数中小数点后位数最少的相同。在乘除运算中,各数所保留的位数,以各数中有效数字位数最少的那个数为准,其结果的有效数字位数亦应与原来各数中有效数字最少的那个数相同。在对数计算中,所取对数位数应与真数有效数字位数相同。数值的修约办法是"四舍六入五凑双",即末位有效数字后边第一位小于 5,则舍弃不计;大于 5 则在前一位数上增 1;等于 5 时,前一位为奇数,则进 1 为偶数,前一位为偶数,则舍弃不计。

1.2.1.2　实验数据的记录方法

实验数据的记录方法常见的有 3 种:列表法、作图法和公式法。

1. 列表法

一般要求所有实验数据都要用列表的方法记录。列表要求:应有简明完备的名称、数量单位和量纲;数据排列整齐(小数点),注意有效数字的位数;选择的自变量应按递增排列;如需要,将自变量处理为均匀递增的形式。

2. 作图法

作图法中一般应以横坐标为自变量,纵坐标为函数量。坐标纸的大小与分度的选择应与测量数据的精度相适应。坐标分度值不一定自零起,曲线以基本占满全幅坐标纸为宜,直线应尽可能与坐标轴成 45°。坐标轴应注明分度值的有效数字和名称、单位,必要时还应标明实验条件。在同一图上表示不同数据时,应该用不同的符号加以区别。实验点的标示可用各种形式,但其大小应与其误差相对应。曲线的走向应尽可能通过或接近所有的点,但曲线不必强求通过所有的点,应使所绘制的曲线与实测值之间的误差的平方和最小。此时曲线两边的点数接近于相等。

3.公式法

公式法就是利用一个或一组函数关系式来反映实验中各物理量间的关系。函数关系式能够清晰地表达物理量的变化规律,且便于计算,因而是实验研究探索未知规律的重要目标。通常这样的函数关系式需要对实验数据进行整理分析得到,一般称其为经验公式。由离散实验数据点得到经验公式的过程是一个数学建模过程,这就是数理统计中的回归分析。其主要步骤是:

(1)首先对实验测得的离散数据进行整理,绘制出折线图或散点图。

(2)根据绘制的折线图或散点图的形状判断可能的函数关系,建立回归方程。

(3)针对选定的回归方程求解待定系数,并检验相关性。

一般情况下,理想的经验公式应不仅能反映相关物理量的关系,而且形式简单,待定常数越少越好。

1.2.2　可疑数据的取舍

1.2.2.1　拉依达准则(3σ 准则)

可以证明,当误差成正态分布时,误差落在 $\pm\sigma$ 上的概率为 0.682 6;$\pm 2\sigma$ 上的概率为 0.954 4;$\pm 3\sigma$ 上的概率为 0.997 3。

当测量次数 n 为有限次时,若取极限误差为 3σ,其置信概率为 0.99,即其可靠性为 99%。可见误差超过 $\pm 3\sigma$ 所出现的概率只有 0.3%。因此,如果多次重复测量中个别数据的误差绝对值大于 3σ,则这个极端值可以舍弃。

拉依达准则简单方便,不需查表,但要求较宽,当试验检测次数较多或要求不高时可以应用,当试验检测次数较少时(如 $n < 10$),在一组测量值中即使混有异常值,也无法舍弃。

1.2.2.2　t 检验法

在 n 个测量值中,若 a_j 为可疑数据,检验其是否可舍弃,可采用如下步骤:

(1)求出除 a_j 外其他各测量数据的算术平均值 $\bar{a}^*$ 和单次测量的标准误差 $\bar{\sigma}^*$。

(2)计算可疑数据与其余测量数据算术平均值的偏差:

$$x_j{}^* = a_j - \bar{a}^* \tag{1.19}$$

(3)按给定的置信概率,查表得到 t_k 值(表 1.2)。

(4)计算

$$x_k{}^* = t_k \sqrt{\frac{n}{n-1}} \bar{\sigma}^* \tag{1.20}$$

若 $| x_j{}^* | \geqslant x_k{}^*$,则 a_j 是坏值,可舍掉这一数据。

表 1.2 t 检验法 t_k 值

$n-1$	0.1	0.05	0.02	0.01	0.001
1	6.31	12.71	31.28	63.66	636.62
2	2.92	4.30	6.97	9.93	31.60
3	2.35	3.18	4.54	5.84	12.94
4	2.13	2.78	3.75	4.60	8.61
5	2.02	2.57	3.37	4.03	6.86
6	1.94	2.45	3.14	3.71	5.96
7	1.90	2.37	3.00	3.50	5.41
8	1.86	2.31	2.90	3.36	5.04
9	1.83	2.26	2.82	3.25	4.78
10	1.81	2.23	2.76	3.17	4.59
11	1.80	2.20	2.72	3.11	4.44
12	1.78	2.18	2.68	3.06	4.32
13	1.77	2.16	2.65	3.01	4.22
14	1.76	2.15	2.62	2.98	4.14
15	1.75	2.13	2.60	2.95	4.07
16	1.75	2.12	2.58	2.92	4.02
17	1.74	2.11	2.57	2.90	3.97
18	1.73	2.10	2.55	2.88	3.92
19	1.73	2.09	2.54	2.86	3.88
20	1.73	2.09	2.53	2.85	3.85
21	1.72	2.08	2.52	2.83	3.82
22	1.72	2.07	2.51	2.82	3.79
23	1.71	2.07	2.50	2.81	3.77
24	1.71	2.06	2.49	2.80	3.75
25	1.71	2.06	2.48	2.79	3.73
26	1.71	2.06	2.48	2.78	3.71
27	1.70	2.05	2.47	2.77	3.69
28	1.70	2.05	2.47	2.76	3.67
29	1.70	2.04	2.46	2.76	3.66
30	1.70	2.04	2.46	2.75	3.65
40	1.68	2.02	2.42	2.70	3.55
60	1.67	2.00	2.39	2.66	3.46
120	1.66	1.98	2.36	2.62	3.37
∞	1.65	1.96	2.33	2.58	3.29

1.2.2.3 Dixon 检验法

将测量数据由小到大排列成 $a_1, a_2, \cdots, a_{n-1}, a_n$。显然可疑数据不是最大的便是最小的，即 a_1, a_n。计算统计量：

$$R_{ij} = \frac{a_{1+i} - a_1}{a_{n-j} - a_1} \quad (a_1 \text{ 可疑时}) \tag{1.21}$$

$$R_{ij} = \frac{a_n - a_{n-i}}{a_n - a_{1+j}} \quad (a_n \text{ 可疑时}) \tag{1.22}$$

对于给定的置信概率 $(1-k)$，满足 $P(R_{ij} < R_k) = 1-k$ 的 R_k 值可由表 1.3 中查出。如果 $R_{ij} \geqslant R_k$，则所怀疑的数据应舍弃；如果 $R_{ij} < R_k$，则不能舍弃。

表 1.3　R_k 值

n	R_k		i,j	n	R_k		i,j
	$k=0.01$	$k=0.05$			$k=0.01$	$k=0.05$	
2	0.988	0.941		14	0.641	0.546	
3	0.988	0.941		15	0.616	0.525	
4	0.889	0.765	$i=1$	16	0.595	0.507	
5	0.780	0.642	$j=0$	17	0.577	0.490	
6	0.698	0.560		18	0.561	0.475	
7	0.637	0.507		19	0.547	0.462	$i=2$
8	0.683	0.554	$i=1$	20	0.535	0.450	$j=2$
9	0.635	0.512	$j=1$	21	0.542	0.440	
10	0.497	0.477		22	0.514	0.430	
11	0.679	0.576	$i=2$	23	0.505	0.421	
12	0.642	0.546	$j=1$	24	0.497	0.413	
13	0.615	0.521		25	0.489	0.406	

1.2.3　回归分析的基本原理

回归分析是处理变量间相关关系的数理统计方法。相关变量间既有相互依赖性，又有某种不确定性。回归分析是通过对一定数量的观测数据进行统计处理，以找出变量间相互依赖的统计规律。在测试技术的研究中，常需要拟合实验曲线和确定经验公式等，回归分析是处理这类问题不可缺少的方法。

1.2.3.1　最小二乘法

最小二乘法是实验数据处理的一种基本方法。它给出了数据处理的一条准则，即在最小二乘以下获得的最佳结果（或最可信赖值）应使残差平方和最小。基于这一准则所建立的一整套的理论和方法，为随机数据的处理提供了行之有效的手段，成为实验数据处理中应用十分广泛的基础内容之一。

自 1805 年勒让德(Legendre)提出最小二乘法以来，这一方法得到了迅速发展，并不断完善，成为回归分析及数理统计等方面的理论基础之一，广泛地应用于科学实验的数据处理中。

为了确定 t 个未知量（待求量）$X_1, X_2, \cdots, X_t$ 的估计量 $x_1, x_2, \cdots, x_t$，分别直接测量 n 个直接量 $Y_1, Y_2, \cdots, Y_n$，得到测量数据 $l_1, l_2, \cdots, l_n (n > t)$。

设有如下函数关系：

$$
\left.\begin{aligned}
Y_1 &= f_1(X_1, X_2, \cdots, X_t) \\
Y_2 &= f_2(X_1, X_2, \cdots, X_t) \\
&\quad\vdots \\
Y_n &= f_n(X_1, X_2, \cdots, X_t)
\end{aligned}\right\}
\tag{1.23}
$$

若直接量 $Y_1, Y_2, \cdots, Y_n$ 的估计量分别为 $y_1, y_2, \cdots, y_n$，则可得到如下关系：

$$
\left.\begin{aligned}
y_1 &= f_1(x_1, x_2, \cdots, x_t) \\
y_2 &= f_2(x_1, x_2, \cdots, x_t) \\
&\quad\vdots \\
y_n &= f_n(x_1, x_2, \cdots, x_t)
\end{aligned}\right\}
\tag{1.24}
$$

而测量数据 $l_1, l_2, \cdots, l_n$ 的残差应为

$$
\left.\begin{aligned}
v_1 &= l_1 - y_1 \\
v_2 &= l_2 - y_2 \\
&\quad\vdots \\
v_n &= l_n - y_n
\end{aligned}\right\}
\tag{1.25}
$$

即

$$
\left.\begin{aligned}
v_1 &= l_1 - f_1(x_1, x_2, \cdots, x_t) \\
v_2 &= l_2 - f_2(x_1, x_2, \cdots, x_t) \\
&\quad\vdots \\
v_n &= l_n - f_n(x_1, x_2, \cdots, x_t)
\end{aligned}\right\}
\tag{1.26}
$$

式(1.25)或式(1.26)称为残差方程。

若数据 $l_1, l_2, \cdots, l_n$ 的测量误差是无偏的(即排除了测量的系统误差)，服从正态分布，且相互独立，并设其标准差分别为 $\sigma_1, \sigma_2, \cdots, \sigma_n$，则各测量结果分别出现在 $l_1, l_2, \cdots, l_n$ 附近 $\mathrm{d}\delta_1, \mathrm{d}\delta_2, \cdots, \mathrm{d}\delta_n$ 区域内的概率为

$$
\left.\begin{aligned}
P_1 &= f_1(\delta_1)\mathrm{d}\delta_1 = \frac{1}{\sigma_1\sqrt{2\pi}}\mathrm{e}^{-\frac{\delta_1^2}{2\sigma_1^2}}\mathrm{d}\delta_1 \\
P_2 &= f_2(\delta_2)\mathrm{d}\delta_2 = \frac{1}{\sigma_2\sqrt{2\pi}}\mathrm{e}^{-\frac{\delta_2^2}{2\sigma_2^2}}\mathrm{d}\delta_2 \\
&\quad\vdots \\
P_n &= f_n(\delta_n)\mathrm{d}\delta_n = \frac{1}{\sigma_n\sqrt{2\pi}}\mathrm{e}^{-\frac{\delta_n^2}{2\sigma_n^2}}\mathrm{d}\delta_n
\end{aligned}\right\}
\tag{1.27}
$$

式中 $\delta_1, \delta_2, \cdots, \delta_n$——测量结果 $l_1, l_2, \cdots, l_n$ 的测量误差。

因各测量数据是相互独立的，则由概率乘法定律可知，各测量数据同时出现在 $l_1, l_2, \cdots, l_n$ 附近 $\mathrm{d}\delta_1, \mathrm{d}\delta_2, \cdots, \mathrm{d}\delta_n$ 区域的概率应为

$$
P = P_1 P_2 \cdots P_n = \frac{1}{\sigma_1\sigma_2\cdots\sigma_n\left(\sqrt{2\pi}\right)^n}\mathrm{e}^{-\frac{1}{2}\left(\frac{\delta_1^2}{\sigma_1^2} + \frac{\delta_2^2}{\sigma_2^2} + \cdots + \frac{\delta_n^2}{\sigma_n^2}\right)}\mathrm{d}\delta_1 \mathrm{d}\delta_2 \cdots \mathrm{d}\delta_n
\tag{1.28}
$$

根据最大似然原理，由于测量值 $l_1, l_2, \cdots, l_n$ 事实上已经出现，所以有理由认为这 n 个测量值同时出现于相应区间 $\mathrm{d}\delta_1, \mathrm{d}\delta_2, \cdots, \mathrm{d}\delta_n$ 的概率 P 应最大，即待求量的最可信赖值的确定应满足 $l_1, l_2, \cdots, l_n$ 同时出现的概率最大这一条件。

由式(1.28)不难看出,要使 P 最大,就应满足

$$\frac{\delta_1^2}{\sigma_1^2} + \frac{\delta_2^2}{\sigma_2^2} + \cdots + \frac{\delta_n^2}{\sigma_n^2} = 最小 \tag{1.29}$$

按上述条件给出的结果以最大的可能性接近真值,但这些结果仅是估计量而并非真值,因此上述条件应以残差的形式表示,即

$$\frac{v_1^2}{\sigma_1^2} + \frac{v_2^2}{\sigma_2^2} + \cdots + \frac{v_n^2}{\sigma_n^2} = 最小 \tag{1.30}$$

在等精度测量中,$\sigma_1 = \sigma_2 = \cdots = \sigma_n$,同时将权的符号引入式(1.30),则有

$$p_1 v_1^2 + p_2 v_2^2 + \cdots + p_n v_n^2 = \sum_{i=1}^{n} p_i v_i^2 = 最小 \tag{1.31}$$

若 $p_1 = p_2 = \cdots = p_n$,则上式变为

$$v_1^2 + v_2^2 + \cdots + v_n^2 = \sum_{i=1}^{n} v_i^2 = 最小 \tag{1.32}$$

上式表明,测量结果的最可信赖值应在加权残差平方和为最小的条件下求出,这就是最小二乘法原理。按最小二乘法原理给出的结果能充分利用误差的抵偿作用,有效地减小随机误差的影响,结果的可信赖度高。最小二乘法是处理各种观测数据的一种基本方法,通常用于曲线拟合。一般情况下,最小二乘法可用于线性参数的处理,也可用于非线性参数的处理。由于测量的实际问题中的参数是线性的或近于线性的,而非线性参数可借助于级数展开的方法在某一区域内近似地化成线性的形式,所以线性参数的最小二乘法处理是最小二乘法的主要方法。

1.2.3.2 一元线性回归

一元线性回归是处理随机变量 y 和变量 x 之间线性相关关系的一种方法。若变量 y 大体上随变量 x 变化而变化,我们可以认为 y 是因变量,x 是自变量。在实际分析中,通过对一组 x,y 的观测数据进行一元回归分析,可得到这两个变量之间的经验公式。如果这两个变量间的关系是线性的,那么上述回归问题就称为一元线性回归,也就是通常所说的直线拟合。

一元线性回归的数学模型为

$$y = \beta_0 + \beta x + \varepsilon \tag{1.33}$$

式中 x,y—— 满足线性数学模型的变量;

  β_0, β—— 待定常数和系数;

  ε—— 测量的随机变量。

当 x 的值为 $x_1, x_2, \cdots, x_N$ 时,相应地有

$$\left. \begin{array}{l} y_1 = \beta_0 + \beta x_1 + \varepsilon_1 \\ y_2 = \beta_0 + \beta x_2 + \varepsilon_2 \\ \vdots \\ y_N = \beta_0 + \beta x_N + \varepsilon_N \end{array} \right\} \tag{1.34}$$

可以假设,测量误差 $\varepsilon_1, \varepsilon_2, \cdots, \varepsilon_N$ 服从统一正态分布 $N(0, \sigma)$,且彼此相互独立。这样就可用最小二乘法来估计式(1.34)中的参数 β_0, β。若 b_0, b 分别为参数 β_0, β 的最小二乘估计量,那么就可得一元线性回归方程:

$$\hat{y} = b_0 + bx \tag{1.35}$$

式中　　b_0, b—— 回归方程中的常数和回归系数。

当 x 取值为 $x_1, x_2, \cdots, x_N$ 时,可有相应的回归值:

$$\left.\begin{array}{l} \hat{y}_1 = b_0 + bx_1 \\ \hat{y}_2 = b_0 + bx_2 \\ \quad\vdots \\ \hat{y}_N = b_0 + bx_N \end{array}\right\} \tag{1.36}$$

某一观测值 y_i 与回归值 $\hat{y}_i$ 之差用 v_i 表示,则有

$$v_i = y_i - \hat{y}_i = y_i - (b_0 + bx_i) \quad (i = 1, 2, \cdots, N) \tag{1.37}$$

它表示某一点 $(x_i y_i)$ 与回归直线的偏离程度。设全部观测值与回归直线的偏离平方和记为 Q,则

$$Q = \sum_{i=1}^{N} v_i^2 = \sum_{i=1}^{N} (y_i - \hat{y}_i)^2 = \sum_{i=1}^{N} [y_i - (b_0 + bx_i)]^2 \tag{1.38}$$

Q 的大小反映了全部观测值与回归直线的偏离程度。要使回归直线与全部观测值拟合得最好,即两者的偏离程度最小,可利用最小二乘法原理,通过选择 b_0 和 b 值,使 Q 达到最小。即由式(1.38)分别对 b_0, b 求一阶偏导数,并令它们等于零,则有

$$\frac{\partial Q}{\partial b_0} = -2\sum_{i=1}^{N} [y_i - (b_0 + bx_i)] = 0 \tag{1.39}$$

$$\frac{\partial Q}{\partial b} = -2\sum_{i=1}^{N} [y_i - (b_0 + bx_i)]x_i = 0 \tag{1.40}$$

由式(1.39)有

$$b_0 = \frac{\sum_{i=1}^{N} y_i}{N} - b = \bar{y} - b\bar{x} \tag{1.41}$$

把 $b_0 = \bar{y} - b\bar{x}$ 代入式(1.40),经整理得

$$b = \frac{\sum_{i=1}^{N} x_i y_i - \bar{y} \sum_{i=1}^{N} x_i}{\sum_{i=1}^{N} x_i^2 - \bar{x} \sum_{i=1}^{N} x_i} \tag{1.42}$$

式中

$$\begin{aligned} \sum_{i=1}^{N} x_i y_i - \bar{y} \sum_{i=1}^{N} x_i &= \sum_{i=1}^{N} x_i y_i - \bar{y} \sum_{i=1}^{N} x_i - N\bar{x}\bar{y} + N\bar{x}\bar{y} = \\ &\quad \sum_{i=1}^{N} x_i y_i - \sum_{i=1}^{N} \bar{x} y_i - \sum_{i=1}^{N} \bar{y} x_i + \sum_{i=1}^{N} \overline{xy} = \\ &\quad \sum_{i=1}^{N} (x_i y_i - \bar{x} y_i - \bar{y} x_i + \overline{xy}) = \\ &\quad \sum_{i=1}^{N} (x_i - \bar{x})(y_i - \bar{y}) \end{aligned} \tag{1.43}$$

同理

$$\sum_{i=1}^{N} x_i^2 - \bar{x} \sum_{i=1}^{N} x_i = \sum_{i=1}^{N} (x_i - \bar{x})^2 \tag{1.44}$$

这样,式(1.42)可写成

$$b = \frac{\sum\limits_{i=1}^{N} (x_i - \overline{x})(y_i - \overline{y})}{\sum\limits_{i=1}^{N} (x_i - \overline{x})^2} \qquad (1.45)$$

或写成

$$b = \frac{h_{xy}}{h_{xx}} \qquad (1.46)$$

式中

$$h_{xy} = \sum_{i=1}^{N} (x_i - \overline{x})(y_i - \overline{y}) = \sum_{i=1}^{N} x_i y_i - \frac{1}{N}(\sum_{i=1}^{N} x_i)(\sum_{i=1}^{N} y_i) \qquad (1.47)$$

$$h_{xx} = \sum_{i=1}^{N} (x_i - \overline{x})^2 = \sum_{i=1}^{N} x_i^2 - \frac{1}{N}(\sum_{i=1}^{N} x_i)^2 \qquad (1.48)$$

$$h_{yy} = \sum_{i=1}^{N} (y_i - \overline{y})^2 = \sum_{i=1}^{N} y_i^2 - \frac{1}{N}(\sum_{i=1}^{N} y_i)^2 \qquad (1.49)$$

至此,可根据求出的回归系数 b_0, b 确定一元线性回归方程为

$$\hat{y} = b_0 + bx \qquad (1.50)$$

需要注意的是,要使回归方程反映真实情况,必须提高它的精度和稳定性,即满足下列条件:

① 尽量提高观测数据本身的精度。

② 尽量增加观测数据的个数 N。

③ 增大观测数据中自变量的离散程度。

1.2.3.3　非线性回归

在测试技术中,还会经常遇到两变量为非线性关系,即某种曲线关系的问题。对这类非线性问题,如果仍直接用最小二乘法原理去求解,计算过程将会非常复杂。这个矛盾常用以下两种方法来解决,一种是通过变量代换,化曲线回归问题为直线回归问题,这样就可以用求解一元线性回归方程的方法对其求解;另一种是通过级数展开,把曲线函数变成多项式的形式,即直接用回归多项式来描述两个变量 x, y 之间的关系,这样就把解曲线回归问题转换成解多项式回归问题。

要想使曲线拟合效果好,就必须恰当地选择曲线类型。选择曲线类型常用的有效办法有两种:一种是根据专业理论知识和以往的经验来选取;另一种是根据观测数据在坐标纸上描出大致的曲线图形,然后与典型曲线对比,选择最相近的典型曲线作为该拟合曲线的类型。

所选择的曲线类型是否合适,需要通过检验才能确定。如果在所选择的曲线函数中参数在两个以下,可用直线法检验并确定其参数;如果参数多于两个,则可用表差法检验,并确定方程的次数。

1. 直线法

用直线法检验并确定参数可分成 4 步进行。

(1) 化曲线形式为直线形式,即把预选的回归方程写成直线形式:

$$y' = a' + b'x' \qquad (1.51)$$

式中　　x', y'——x, y 的函数;

　　　　a', b'——对应于 a, b 的常数和系数。

（2）求出若干对与 x,y 相对应的 x',y' 的值（x,y 取值时，间隔大些为宜）。

（3）以 x' 和 y' 为变量在 $x'-y'$ 坐标上画出散点图。若所得散点图大致为一直线，则表明所选择的曲线类型是合适的，否则应重新选择。

（4）如果选择的曲线类型合适，回归曲线的形式便确定了，而参数 a,b 还要根据变换后的直线公式 $y'=a'+b'x'$ 来确定。这样，问题就被转化为求解一元线性回归方程的参数问题。求解之前须进行数据变换，即把 x,y 的数据值转换成相应的 x',y' 值。

2. 表差法

如果曲线函数中的参数在两个以上，或者是曲线函数可以转换为多项式的形式，而多项式的常数及系数的数目在两个以上，特别是有些曲线函数尽管只有两个参数，但不能转化成直线形式，那么所选择的曲线类型可用表差法检验，并确定曲线方程的次数。其步骤如下：

（1）根据 x,y 的观测数据画出图形。

（2）选择定差 Δx，也就是步距，然后根据选定的步距在图上取 x_i,y_i 的对应值列表。

（3）根据取得的 x_i,y_i 值，求出相应的差值 $\Delta^j y_i$，即

$$\Delta y_1 = y_2 - y_1, \Delta y_2 = y_3 - y_2, \cdots \text{称为第一阶差；}$$

$$\Delta^2 y_1 = \Delta y_2 - \Delta y_1, \Delta^2 y_2 = \Delta y_3 - \Delta y_2, \cdots \text{称为第二阶差；}$$

$$\Delta^3 y_1 = \Delta^2 y_2 - \Delta^2 y_1, \Delta^3 y_2 = \Delta^2 y_3 - \Delta^2 y_2, \cdots \text{称为第三阶差；}$$

$$\vdots$$

$$\Delta^n y_1 = \Delta^{n-1} y_2 - \Delta^{n-1} y_1, \Delta^n y_2 = \Delta^{n-1} y_3 - \Delta^{n-1} y_2, \cdots \text{称为第 } n \text{ 阶差。}$$

（4）若发现第 j 阶差 $\Delta^j y_i$ 的各项 $\Delta^j y_1, \Delta^j y_2, \cdots$ 相差很小，近似为一常数，则表明所选出的曲线类型是恰当的，且多项式方程的次数为 j。

第2章　力学量传感器

传感器是一种常用的测量器件,它可以感受被测物理量并按一定的规律转换成可用的输出信号,通常由敏感元件和转换元件组成。敏感元件是指传感器中能直接感受或响应被测物理量的部分;转换元件是指传感器中能将敏感元件感受或响应的被测物理量转换成适当的输出量,以满足信号的记录、传输、处理、显示和控制的要求。

传感器种类繁多,通常采用两种方法进行分类,一是按照测量原理分,另一种是按照被测物理量来分。按照传感器的工作原理,可分为化学型、生物型、物理型3大类。化学传感器是以电化学反应原理为基础的,把无机或有机化学的物质成分、浓度等转换为电信号的传感器。生物型传感器是利用生物活性物质选择性来识别和测定生物化学物质的传感器。物理型传感器是利用某些敏感元件的物理性质或某些功能性材料的特殊物理性质来感受被测量信息。

物理型传感器是在力学实验中用得最多的,如压电式、压阻式、电容式、应变片式、电感式、涡流式等。物理型传感器又可分为结构型传感器和物性型传感器。结构型传感器是以形状、尺寸等结构为基础,利用敏感元件的某些物理规律来感受被测量,并将其转换为电信号实现测量的目的。如电容式压力传感器,当被测压力作用在电容式敏感元件的动极板上时,引起电容间隙的变化导致电容值的变化,从而实现对压力的测量。物性型传感器是利用某些功能材料本身的自有效应和特性来感受被测量,并将其转换成电信号实现测量的目的。如压电式压力传感器,利用石英晶体本身的正压电效应来实现对被测压力的测量。

按照被测物理量的类型分,传感器可分为压力、流量、位移、速度、加速度、温度、湿度、黏度等传感器。这是传感器生产厂家和用户熟悉并常用的一种分类方法,能够清楚地表示传感器的功能。

对于力敏感元件在测量压力、载荷、扭矩、加速度等物理量时,都与机械应力或应变有关,所以把这类传感器称为力学量传感器。力学量传感器是工业实践中最为常用的一种传感器,其广泛应用于各种工业自控环境,涉及水利水电、铁路交通、智能建筑、生产自控、航空航天、军工、石化、油井、电力、船舶、机床、管道等众多行业,本章主要针对几种常用的力学量传感器进行介绍。

2.1　应变式传感器

应变式传感器是由弹性元件和粘贴于其上的电阻应变片构成的一种传感器。被测物理量的变化使得传感器中弹性元件的应变发生变化,而电阻应变片作为转换元件将应变变化转换成电阻的变化。根据事先标定好的传感器输出电阻变化与被测物理量的关系,即可测量出被测物理量的大小。选用不同结构形式的弹性元件可制作出用于测量应变、应力、压力、扭矩、位移、加速度等的应变式传感器。电阻应变式传感器中常用的弹性元件的结构形式多样,可以是杆、板、圆筒、圆环、轮辐等。其受力方式可以是拉伸、压缩、弯曲、剪切等。电阻应变式传感器具有结构简单、体积小、测量范围广、频率响应特性好、适合动态和静态测量、使用寿命长、性能稳定可靠等优点,是目前应用最广泛的传感器之一。

2.1.1　电阻应变片

2.1.1.1　电阻应变片的工作原理

电阻应变片也称电阻应变计,简称应变片或应变计,它可以将构件上机械力场引起的应变变化转换为电阻变化,是多种应变式传感器中的核心测量元件。

导体或半导体在受到外界力的作用时,产生机械变形,机械变形导致其阻值变化,这种因变形而使阻值发生变化的现象称为电阻应变效应。将金属丝(应变片)粘贴在构件上,当构件受力变形时,金属丝的长度和横截面积也随着构件一起变化,进而发生电阻变化。由物理学可知金属丝的电阻值除了与材料的性质有关之外,还与金属丝的长度、横截面积有关。

设一根电阻丝的电阻率为 ρ,原始长度为 L,截面(圆形)直径为 D,面积为 A,初始电阻值为 R,则其电阻可表示为

$$R = \rho \frac{L}{A} \tag{2.1}$$

在外载荷作用下,电阻丝发生变形,假设其沿轴向伸长,则其横向尺寸相应减小,导致截面面积发生变化。

根据式(2.1),在电阻丝伸长的过程中,所产生的电阻值的相对变化为

$$\frac{\mathrm{d}R}{R} = \frac{\mathrm{d}\rho}{\rho} + \frac{\mathrm{d}L}{L} - \frac{\mathrm{d}A}{A} \tag{2.2}$$

对于圆形截面的电阻丝而言,其初始截面积为 $A = \frac{\pi D^2}{4}$,则面积的变化率为

$$\frac{\mathrm{d}A}{A} = 2\frac{\mathrm{d}D}{D} = -2\mu \frac{\mathrm{d}L}{L} = -2\mu\varepsilon \tag{2.3}$$

式中　μ——金属丝材料的泊松比。

电阻率的相对变化率是体积变化的函数,即

$$\frac{\mathrm{d}\rho}{\rho} = c\frac{\mathrm{d}V}{V} = c(1-2\mu)\frac{\mathrm{d}L}{L} = c(1-2\mu)\varepsilon \tag{2.4}$$

式中　c——取决于金属导体晶格结构的比例系数。

将式(2.3)、(2.4)代入式(2.2)得

$$\frac{\mathrm{d}R}{R} = \frac{\mathrm{d}\rho}{\rho} + \frac{\mathrm{d}L}{L} - \frac{\mathrm{d}A}{A} = (1+2\mu)\varepsilon + c(1-2\mu)\varepsilon \tag{2.5}$$

上式可改写为

$$\frac{\mathrm{d}R}{R} = K_s\varepsilon \tag{2.6}$$

其中,$K_s = (1+2\mu) + c(1-2\mu)$,称之为金属丝的灵敏系数。这表明金属丝在一定的变形范围内,电阻值的相对变化(电阻变化率)与其长度的相对变化(应变)之间保持线性关系。

2.1.1.2　应变片的基本结构

1. 金属丝式应变片

图 2.1 为金属丝式应变片的典型结构图。它由敏感栅、基底、盖片、引线和黏结剂等组成。这些部分所选用的材料将直接影响应变片的性能。因此,应根据使用条件和要求合理地加以选择。

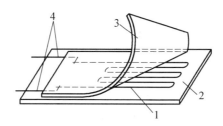

图 2.1　金属丝式应变片的典型结构图

1— 敏感栅(电阻丝);2— 基底与面胶(中间介质和绝缘作用);3— 盖片;4— 引线(用于连接测量导线)

（1）敏感栅

敏感栅是应变片最重要的组成部分,由某种金属细丝绕成栅形。一般用于制造应变片的金属细丝直径为 0.015 ～ 0.05 mm。电阻应变片的电阻值有 60 Ω、120 Ω、350 Ω 等各种规格,以 120 Ω 的最为常用。敏感栅在纵轴方向的长度称为栅长。在与应变片轴线垂直的方向上,敏感栅外侧之间的距离称为栅宽。应变片栅长大小关系到所测应变的准确度,应变片测得的应变大小实际上是应变片栅长和栅宽所在面积内的平均轴向应变量。栅长尺寸一般在 0.2 ～ 100 mm 之间。

（2）基底和盖片

基底用于保持敏感栅、引线的几何形状和相对位置,盖片既可以保持敏感栅和引线的形状和相对位置,还可以保护敏感栅。最早的基底和盖片多用专门的薄纸制成。基底厚度一般为 0.02 ～ 0.04 mm,基底的全长称为基底长,其宽度称为基底宽。

（3）黏结剂

黏结剂用于将敏感栅固定于基底上,并将盖片与基底粘贴在一起。使用金属应变片时,也需用黏结剂将应变片基底粘贴在构件表面某个方向和位置上,以便将构件受力后的表面应变传递给应变计的基底和敏感栅。常用的黏结剂分为有机和无机两大类。有机黏结剂用于低温、常温和中温,常用的有聚丙烯酸酯、酚醛树脂、有机硅树脂、聚酰亚胺等。无机黏结剂用于高温,常用的有磷酸盐、硅酸盐、硼酸盐等。

（4）引线

引线是从应变片的敏感栅中引出的金属线。常用直径为 0.8 ～ 0.15 mm 的镀锡铜线,或扁带形的其他金属材料制成。对引线材料的性能要求为电阻率低、电阻温度系数小、抗氧化性能好、易于焊接。大多数敏感栅材料都可制作引线。

2. 金属箔式应变片

金属箔式应变片的典型结构如图 2.2 所示。金属箔式应变片的工作原理基本和电阻丝式应变片相同。它的敏感栅是经光刻、腐蚀等工序制成的薄金属箔栅,因而称箔式电阻应变片。金属箔的厚度一般为 0.003 ～ 0.010 mm,它的基底和盖片多为胶质膜,基底厚度一般为 0.03 ～ 0.05 mm。金属箔式应变片和丝式应变片相比较,具有如下特点:

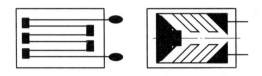

图 2.2　金属箔式应变片的典型结构图

① 金属箔栅很薄,因而它所感受的应力状态与试件表面的应力状态更为接近。其次,当箔材和丝材具有同样的截面积时,箔材与黏结层的接触面积比丝材大,使它更好地和试件共同工作。箔栅的端部较宽,横向效应较小,因而具有较高的应变测量精度。

② 箔材表面积大,散热条件好,可通过较大电流,测量灵敏度高。

③ 箔栅的尺寸准确、线条均匀,灵敏系数的分散性小。

④ 加工性能好,可制成任意形状,且便于成批生产。

2.1.1.3　电阻应变片的工作特性

1.灵敏度系数

金属丝电阻的相对变化与它所感受的应变之间具有线性关系,用灵敏系数 K_s 表示。当金属丝做成应变片后,其电阻应变特性与金属单丝情况不同。因此,须用实验方法对应变片的电阻－应变特性重新测定。实验表明,金属应变片的电阻相对变化与应变在很宽的范围内均为线性关系。当应变片粘贴在处于单向应力状态的试件表面上,且与其轴线应力方向平行时,应变片的电阻变化率与试件表面贴片处沿应力方向的应变的比值就是应变片的灵敏系数。

2.横向效应

如图 2.3 所示的丝绕式应变片,沿轴向感受拉应变 ε_x,其电阻值将增加。而在圆弧状的横栅处,其电阻的变化与直线段不同。在垂直方向上产生负的压应变 ε_y,其电阻是减小的。由于横栅的存在,应变片的灵敏系数 K 要比单根金属丝的灵敏系数 K_s 小。这种由于敏感栅感受横向应变而使应变片灵敏系数减小的现象,称为应变片的横向效应。

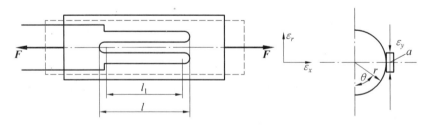

图 2.3　金属栅横向变形

设平面应变状态下,应变片轴线方向的应变为 ε_x,垂直于轴线方向的应变为 ε_y,则电阻率变化可表示为

$$\frac{\Delta R}{R} = K_x \varepsilon_x + K_y \varepsilon_y \tag{2.7}$$

式中

$$K_x = \left(\frac{\Delta R}{R}\right)_{\varepsilon_y = 0} \Big/ \varepsilon_x \tag{2.8}$$

$$K_y = \left(\frac{\Delta R}{R}\right)_{\varepsilon_x=0} \Big/ \varepsilon_y \qquad (2.9)$$

则横向效应系数定义为

$$H = \frac{K_y}{K_x} \qquad (2.10)$$

大多数应变片的横向效应系数在 $0.1\% \sim 5\%$ 之间。敏感栅越窄、栅长越长的应变片,其横向效应引起的误差越小。

3.机械滞后

如图 2.4 所示,应变片粘贴在被测试件上,当温度恒定时,测量得到的加载和卸载曲线不重合,即对同样大小的机械应变,加载过程和卸载过程中应变片的指示应变值不同,这种现象就是应变片的机械滞后。

机械滞后产生的原因有多种,最主要的是应变片在承受机械应变后带来的残余变形造成的。此外,在制造或粘贴应变片时,敏感栅受到不适当的变形或黏结剂固化不充分等,也会增加机械滞后量。机械滞后量还与应变片所承受的应变大小有关。加载时的机械应变越大,卸载时的滞后也越大。通常情况下,在实验之前应将试件预先加、卸载若干次,这样可以有效减小机械滞后。

4.零点漂移和蠕变

对于粘贴好的应变片,当温度恒定时,即使被测定试件未承受应力,应变片的指示应变也会随时间逐渐变化。这一变化就是应变片指示应变的零点漂移。产生零点漂移的主要原因是敏感栅通以工作电流后的温度效应,应变片的内应力逐渐变化,黏结剂固化不充分等。

在温度恒定的条件下,当应变片承受恒定的机械应变时,应变片的指示应变随时间的延长而变化,这种特性称为蠕变。蠕变产生的原因是由于胶层之间发生"滑动",使力传到敏感栅的应变量逐渐减少。

应变片用于较长时间测量时,零点漂移和蠕变会带来较大的测量误差。

5.应变极限

理想情况下,应变片电阻与其承受的轴向应变成正比,即灵敏系数为常数,这种情况只能在一定的应变范围内才能保持,当试件表面的应变超过一数值时,它们之间的线性关系不再成立。应变片的应变极限定义为在温度恒定的条件下,对粘贴有应变片的试件进行加载,使应变片的非线性误差在允许的误差限内(一般规定不超过 10%)时的最大真实应变值,如图 2.5 所示。

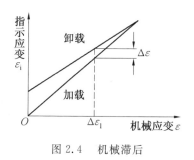

图 2.4   机械滞后   图 2.5   应变片的应变极限

2.1.1.4   应变片的测量电路

电阻应变片的电阻变化值很微弱,用万用表无法测量,同时为了便于显示或控制需将电阻转换成电压或电流值进行处理。一般可采用电位计法或电桥法进行测量。电桥法(惠斯通电桥),可将微小的电阻相对变化转化为电压信号,并放大到几千倍,它是电阻应变测量中使用最为广泛的方法。

如图 2.6 所示的惠斯通电桥,R_1、R_2、R_3 和 R_4 为接入 4 个桥臂的电阻,U_{AC} 为供桥电压,U_{BD} 为输出电压,则流经电阻 R_1 的电流为

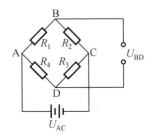

$$I_1 = \frac{U_{AC}}{R_1 + R_2} \tag{2.11}$$

R_1 两端的电压降为

$$U_{AB} = I_1 R_1 = \frac{R_1}{R_1 + R_2} U_{AC} \tag{2.12}$$

图 2.6　惠斯通电桥

同理,R_4 两端的电压降为

$$U_{AD} = I_2 R_4 = \frac{R_4}{R_3 + R_4} U_{AC} \tag{2.13}$$

所以,B,D 端的输出电压为

$$U_{BD} = U_{AC} \frac{R_1 R_3 - R_2 R_4}{(R_1 + R_2)(R_3 + R_4)} \tag{2.14}$$

从式(2.14)可以看出,当 $R_1 R_3 = R_2 R_4$ 时,输出电压为零,是电桥的平衡条件。

显然,无论是 $R_1 = R_2 = R_3 = R_4$,还是 $R_1 = R_2$ 和 $R_3 = R_4$,测量电桥均可处于平衡状态。现假定 4 个桥臂电阻都是外接的应变片,且已预先调至初始平衡状态,当其受到应变后,设各桥臂分别产生了微小的电阻增量,这时测量桥路的输出电压为

$$U_{BD} = U_{AC} \frac{(R_1 + \Delta R_1)(R_3 + \Delta R_3) - (R_2 + \Delta R_2)(R_4 + \Delta R_4)}{(R_1 + \Delta R_1 + R_2 + \Delta R_2)(R_3 + \Delta R_3 + R_4 + \Delta R_4)} \tag{2.15}$$

展开上式,利用电桥平衡条件:$R_1 R_3 = R_2 R_4$,以及考虑到在一般应变范围内输出电压和电阻变化率的非线性误差较小,故略去其非线性项。这样,式(2.15)便可化简为

$$U_{BD} = \frac{U_{AC}}{4} \left(\frac{\Delta R_1}{R_1} - \frac{\Delta R_2}{R_2} + \frac{\Delta R_3}{R_3} - \frac{\Delta R_4}{R_4} \right) \tag{2.16}$$

式(2.16)代表电桥的输出电压与各桥臂电阻改变量的一般关系式,称为电桥输出公式。如果桥臂中的 4 个应变片具有相同的灵敏系数,则式(2.16)又可写为

$$U_{BD} = \frac{U_{AC} K}{4} (\varepsilon_1 - \varepsilon_2 + \varepsilon_3 - \varepsilon_4) \tag{2.17}$$

式中　　K——应变片的灵敏系数;

　　　　$\varepsilon_1, \varepsilon_2, \varepsilon_3, \varepsilon_4$——构件在 4 个应变片粘贴处的应变值。

式(2.16)及式(2.17)是电阻应变测量的基本关系式。它表明各桥臂电阻的相对增量(或应变 ε)对电桥输出电压的影响是线性叠加的,但叠加的方式是,相邻桥臂符号相异,相对桥臂符号相同。

以下为几种常用的组桥方式:

1.单臂测量

若图 2.6 中 R_1 为测量片,当试样受载变形后产生电阻增量 ΔR_1,而 R_2,R_3 和 R_4 为固定电阻,不感受变形,由式(2.16)、(2.17)得输出桥压为

$$U_{BD} = \frac{U_{AC}}{4}\left(\frac{\Delta R_1}{R_1}\right) = \frac{U_{AC}K}{4}(\varepsilon_1) \qquad (2.18)$$

2. 半桥测量

若图 2.6 中 R_1 和 R_2 为测量片，当试件受载变形后产生的电阻增量为 ΔR_1 和 ΔR_2，R_3 和 R_4 为固定电阻，不感受变形，输出桥压为

$$U_{BD} = \frac{U_{AC}}{4}\left(\frac{\Delta R_1}{R_1} - \frac{\Delta R_2}{R_2}\right) = \frac{U_{AC}K}{4}(\varepsilon_1 - \varepsilon_2) \qquad (2.19)$$

3. 全桥测量

在测量时，将粘贴在试件上的 4 个相同规格的应变片同时接入测量电桥，则电桥的输出电压即为

$$U_{BD} = \frac{U_{AC}}{4}\left(\frac{\Delta R_1}{R_1} - \frac{\Delta R_2}{R_2} + \frac{\Delta R_3}{R_3} - \frac{\Delta R_4}{R_4}\right) = \frac{U_{AC}K}{4}(\varepsilon_1 - \varepsilon_2 + \varepsilon_3 - \varepsilon_4) \qquad (2.20)$$

4. 对臂测量

若桥路中相对的两个桥臂为测量片，另两个相对的桥臂为固定电阻时，电桥的输出电压为

$$U_{BD} = \frac{U_{AC}}{4}\left(\frac{\Delta R_1}{R_1} + \frac{\Delta R_3}{R_3}\right) = \frac{U_{AC}K}{4}(\varepsilon_1 + \varepsilon_3) \qquad (2.21)$$

式(2.18)～(2.21)右端有因子 $\frac{U_{AC}K}{4}$，它是常数，说明输出电压与应变成正比。

一般应变测量中使用应变仪，仪器显示的输出值一般不是输出电压值，而是与此电压对应的经过标定的应变值 $\varepsilon_{读}$，亦即应变值直接从应变仪显示屏上读出。于是：

单臂测量时，仪器读数为

$$\varepsilon_{读} = \varepsilon_1 \qquad (2.22)$$

半桥测量时，仪器读数为

$$\varepsilon_{读} = \varepsilon_1 - \varepsilon_2 \qquad (2.23)$$

全桥测量时，仪器读数为

$$\varepsilon_{读} = \varepsilon_1 - \varepsilon_2 + \varepsilon_3 - \varepsilon_4 \qquad (2.24)$$

对臂测量时，仪器读数为

$$\varepsilon_{读} = \varepsilon_1 + \varepsilon_3 \qquad (2.25)$$

2.1.1.5　应变片的热输出及温度补偿

1. 应变片的热输出

电阻应变片的电阻值不仅受到应变的影响，环境温度（包括被测试件的温度）的变化也会使其电阻发生变化。环境温度改变引起电阻变化有两个主要因素：一是应变片的电阻值具有一定的温度效应，随温度的变化而改变；二是敏感栅材料与被测试件材料的热膨胀系数不同，从而产生一定的附加应变。这种由于测量现场环境温度的改变而带来的应变输出，称为应变片的热输出。

（1）电阻温度系数的影响

敏感栅的电阻值随温度变化的关系可表示为

$$R_t = R_0(1 + \alpha_0 \Delta t) \qquad (2.26)$$

式中　R_t —— 温度为 t 时的电阻值；

R_0 —— 温度为 t_0 时的电阻值；

α_0——温度为 t_0 时金属丝的电阻温度系数；

Δt——温度变化值，$\Delta t = t - t_0$。

当温度变化 Δt 时，电阻丝电阻的变化值为

$$\Delta R_a = R_t - R_0 = R_0 \alpha_0 \Delta t \tag{2.27}$$

（2）试件材料和敏感栅材料的热膨胀系数的影响

设敏感栅和试件在温度为 0 ℃ 时的长度均为 l_0，它们的线膨胀系数分别为 β_s 和 β_g，若两者不粘贴，则它们的长度分别为

$$l_s = l_0(1 + \beta_s \Delta t)$$
$$l_g = l_0(1 + \beta_g \Delta t) \tag{2.28}$$

当两者粘贴在一起时，敏感栅产生的附加变形 Δl、附加应变 ε_β 和附加电阻变化 ΔR_β 分别为

$$\Delta l = l_g - l_s = (\beta_g - \beta_s) l_0 \Delta t$$
$$\varepsilon_\beta = \frac{\Delta l}{l_0} = (\beta_g - \beta_s) \Delta t \tag{2.29}$$
$$\Delta R_\beta = K_0 R_0 \varepsilon_\beta = K_0 R_0 (\beta_g - \beta_s) \Delta t$$

由于温度变化而引起的应变片总电阻相对变化量为

$$\frac{\Delta R_t}{R_0} = \frac{\Delta R_\alpha + \Delta R_\beta}{R_0} = \alpha_0 \Delta t + K_0 (\beta_g - \beta_s) \Delta t = [\alpha_0 + K_0 (\beta_g - \beta_s)] \Delta t \tag{2.30}$$

2. 温度补偿

应变片在使用中，当温度发生变化时，即使被测结构不承受任何载荷，应变片也会有因热输出带来的应变变化。这意味着应变片的指示应变是热输出应变和载荷作用所产生的应变的叠加值，这势必对测量结果产生影响。因此，在测量中需要想办法消除指示应变中的热输出应变，即进行温度补偿。常用的温度补偿方法有电桥补偿法和应变片自补偿法。

（1）电桥补偿法

如图 2.6 所示惠斯通电桥，电桥输出应变与各桥臂应变片感知的应变关系为

$$\varepsilon = \varepsilon_1 - \varepsilon_2 + \varepsilon_3 - \varepsilon_4 \tag{2.31}$$

由上式可知，当 R_3，R_4 为常数时，R_1 和 R_2 对桥路输出的作用刚好相反。利用这个基本特性可实现对温度的补偿。如图 2.7 所示，测量应变时，使用两个相同的应变片，一片贴在被测试件的表面，另一片贴在与被测试件材料相同的补偿块上。在工作过程中补偿块不承受载荷，仅随温度发生变形。由于 R_1 与 R_2 接入电桥相邻桥臂上，且 R_1 与 R_2 是相同的应变片，因此由于温度变化造成的热输出是相同的。根据电桥理论可知输出应变为

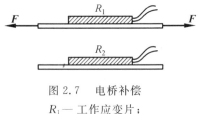

图 2.7　电桥补偿
R_1——工作应变片；
R_2——补偿应变片

$$\varepsilon = \varepsilon_1 - \varepsilon_2 = (\varepsilon_F + \varepsilon_{1t}) - \varepsilon_{2t} = \varepsilon_F \tag{2.32}$$

式中　ε_F——力 F 作用下产生的应变；

　　　ε_{1t}——工作应变片 R_1 在温度 t 时产生的热输出应变；

　　　ε_{2t}——补偿应变片 R_2 在温度 t 时产生的热输出应变。

为达到完全补偿,需满足下列 3 个条件:

① R_1 和 R_2 须属于同一批号,即它们的电阻温度系数 α、线膨胀系数 β、应变灵敏系数 K 都相同,两片的初始电阻值也要求相同。

② 用于粘贴补偿片的构件和粘贴工作片的试件二者材料必须相同,即要求两者具有相同的线膨胀系数。

③ 两应变片处于同一温度环境中。

在实际工作中,根据被测试件承受应变的情况,可以不另加专门的补偿块,而是将补偿片贴在被测试件上,这样既能起到温度补偿作用,又能提高输出的灵敏度。图 2.8(a) 为一个梁受弯曲应变时,应变片 R_1 和 R_2 的变形方向相反,上面受拉,下面受压,应变绝对值相等,符号相反,将它们接入电桥的相邻臂后,可使输出电压增加一倍。当温度变化时,应变片 R_1 和 R_2 的阻值变化的符号相同,大小相等,电桥不产生输出,达到了补偿的目的。图 2.8(b) 是受单向应力的构件,将工作应变片 R_1 的轴线顺着应变方向,补偿应变片 R_2 的轴线和应变方向垂直,R_1 和 R_2 接入电桥相邻臂,其输出应变为

$$\varepsilon = \varepsilon_1 - \varepsilon_2 = (\varepsilon_F + \varepsilon_{1t}) - (-\mu\varepsilon_F + \varepsilon_{1t}) = (1 + \mu)\varepsilon_F \tag{2.33}$$

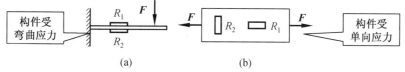

$$(a) \qquad\qquad (b)$$

图 2.8　电桥补偿法贴片示意图

电桥补偿法简单、使用方便,在常温下补偿效果较好。但在温度变化梯度较大的情况下,很难做到工作片与补偿片处于完全一样的温度场中,因而不适合使用该方法进行温度补偿。

(2) 应变片自补偿法

应变片自补偿法使用的是一种特殊应变片,当测量过程的温度变化时,产生的热输出应变为零,这种应变片称为温度自补偿应变片。利用这种应变片来实现温度补偿的方法称为应变片自补偿法。常用的温度自补偿应变片有选择式自补偿应变片和双金属敏感栅自补偿应变片两种。

由公式(2.30)可知,若使应变片在温度变化时的热输出值为零,即

$$\varepsilon_t = \frac{1}{K}[\alpha_0 + K_0(\beta_g - \beta_s)]\Delta t = 0 \tag{2.34}$$

则必须满足下式条件:

$$\alpha_0 = -K_0(\beta_g - \beta_s) \tag{2.35}$$

当被测材料确定以后,就可以选择合适的敏感栅材料满足式(2.35),从而使热输出为零,达到补偿的目的。这种方法的缺点是只适用特定试件材料,温度补偿范围十分有限,可操作性较差。

双金属敏感栅自补偿应变片是由两种不同电阻温度系数(一种为正值,一种为负值)的材料串联组成敏感栅,以达到一定的温度范围内在一定材料的试件上实现温度补偿,其结构如图 2.9 所示。

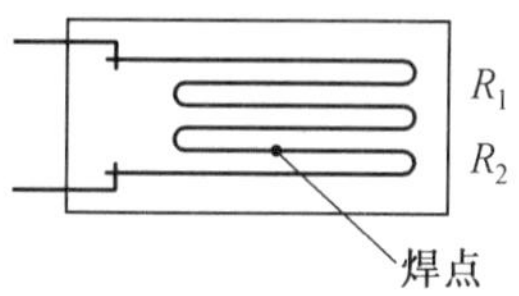

图 2.9　双丝自补偿结构示意图

这种应变片的自补偿条件要求粘贴在某种试件上的两敏感栅,随温度变化而产生的电阻增量大小相等,符号相反,即$(\Delta R_1)_t = -(\Delta R_2)_t$,使得应变片的热输出为零。可以通过调节两种敏感栅的长度来实现应变片的温度自补偿,并可达到$\pm 0.45\ \mu\text{m}/℃$的高精度。

2.1.2　应变式力传感器

应变式力传感器的弹性元件常见的有柱式、梁式、环式、轮辐式等。下面以柱式力传感器为例,说明其工作原理。柱式弹性结构通常选用空心的圆筒或实心的柱形结构。图 2.10 为圆柱式力传感器结构示意图。在承受力的圆柱上,为了排除弹性元件受偏心力的影响,通常在圆柱的轴向排列两个应变片,在其环向排列另外两个应变片。当施加压力 F 后,片 1,2 的电阻变化分别为 ΔR_1 和 ΔR_2,若两应变片相同,则桥臂 AB 的电阻变化率为

$$\frac{\Delta R}{R}\bigg|_{AB} = \frac{\Delta R_1 + \Delta R_2}{R_1 + R_2} = \frac{1}{2}\left(\frac{\Delta R_1}{R} + \frac{\Delta R_2}{R}\right) \tag{2.36}$$

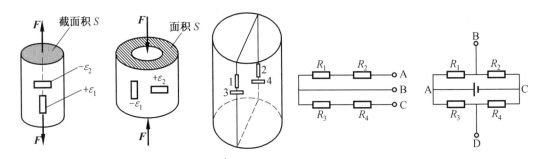

图 2.10　圆柱式力传感器贴片与桥路连接

该式表明,当两片相同的应变片串联在一臂中使用时,这一臂的电阻变化率为各片电阻变化率的算术平均值。这一结论,在多片串联时也适用。当工作片 1 和 2 的电阻变化包括由纯压应变 ε_F 引起的 ΔR_F 和弯曲正应变 ε_m 引起的 ΔR_m 两部分,故

$$\frac{\Delta R}{R}\bigg|_{AB} = \frac{1}{2}\left(\frac{\Delta R_{F1} + \Delta R_{M1}}{R} + \frac{\Delta R_{F2} + \Delta R_{M2}}{R}\right) \tag{2.37}$$

由于 $\Delta R_{F1} = \Delta R_{F2}$,$\Delta R_{M1} = -\Delta R_{M2}$ 故

$$\frac{\Delta R}{R}\bigg|_{AB} = \frac{\Delta R_F}{R} = K_s \varepsilon_F \tag{2.38}$$

同理

$$\frac{\Delta R}{R}\bigg|_{CB} = K_s(-\mu\varepsilon_F) \tag{2.39}$$

于是,得到排除载荷偏心影响的电桥输出电压,而且测得的读数是 ε_F 的$(1+\mu)$ 倍,即

$$U = \frac{1}{4}K\varepsilon_F(1+\mu) \tag{2.40}$$

如图 2.10 所示也可以将 4 个应变片连接成全桥,注意两个轴向应变片要位于相对的桥臂,则有

$$U = \frac{1}{4}K[(\varepsilon_{F1} + \varepsilon_{M1}) + \mu(\varepsilon_{F1} + \varepsilon_{M1}) + (\varepsilon_{F2} + \varepsilon_{M2}) + \mu(\varepsilon_{F2} + \varepsilon_{M2})] \tag{2.41}$$

因为 $\varepsilon_{F1} = \varepsilon_{F2}$,$\varepsilon_{M1} = -\varepsilon_{M2}$,所以有

$$U = \frac{1}{2}K\varepsilon_F(1+\mu) \tag{2.42}$$

采用全桥方式连接,既排除了偏心载荷的影响,又使输出电压提高了 $2(1+\mu)$ 倍,同时解决了灵敏度、线性、温度补偿等问题。

2.1.3　应变式位移传感器

应变式位移传感器有多种结构形式。通常测位移的大小从十分之几毫米到几厘米,并利用悬臂梁结构形式,在梁上下表面粘贴应变片。梁自由端的位移与梁表面应变成比例。应变式位移传感器结构如图 2.11 所示。

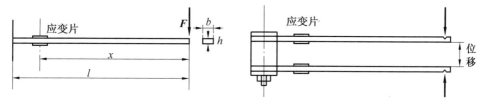

图 2.11　应变式位移传感器结构

由材料力学可知梁端点挠度为

$$y_0 = \frac{Fl^3}{3EI} \tag{2.43}$$

其中

$$I = \frac{bh^3}{12}$$

应变片处应变为

$$\varepsilon = \frac{\sigma}{E} = \frac{6Fx}{bh^2E} \tag{2.44}$$

由此得出

$$y_0 = \frac{2l^3}{3hx}\varepsilon \tag{2.45}$$

式中　　h—— 梁的厚度;

　　　　F—— 作用力;

　　　　l—— 跨度;

　　　　x—— 应变片粘贴处到自由端的距离;

　　　　E—— 弹性模量。

利用此原理制成测量裂纹张开位移的双悬臂梁式夹式位移传感器。用 4 个应变片组成全桥可得到较大的输出灵敏度。

2.1.4　应变式加速度传感器

应变式加速度传感器结构形式较多,但均可等效为图 2.12 的形式。应变式加速度传感器由惯性质量块、等截面弹性悬臂梁和电阻应变片组成,如图 2.12(a) 所示。

在被测加速度变化时,其中两个应变片感受拉伸应力,电阻增大;另外两个电阻感受压缩应力,电阻减小,通过全桥转换成电压的输出。当质量块感受加速度 a 而产生惯性力 $F_a = ma$ 时,悬梁臂发生弯曲变形 ε,其轴向应变 $\varepsilon_x(x)$ 为

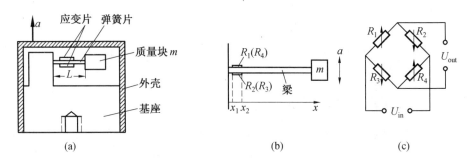

图 2.12　应变片式加速度传感器结构

$$\varepsilon_x(x) = \frac{6(L-x)}{Ebh^2}F_a = \frac{-6(L-x)}{Ebh^2}ma \qquad (2.46)$$

粘贴在两面上的应变片分别感受正(拉)应变和负(压)应变而使电阻增加和减少,电桥失去平衡而输出与加速度成正比的电压 U_{out}。

$$U_{\text{out}} = U_{\text{in}}\frac{\Delta R}{R} \qquad (2.47)$$

$$\frac{\Delta R}{R} = \frac{K}{x_2 - x_1}\int_{x_1}^{x_2}\varepsilon(x)\,\mathrm{d}x = \frac{-6U_{\text{in}}ma}{Ebh^2} \cdot \frac{K}{x_2 - x_1}\int_{x_1}^{x_2}(L-x)\,\mathrm{d}x = K_a a \qquad (2.48)$$

$$K_a = \frac{-6U_{\text{in}}Km}{Ebh^2} \cdot \left(L - \frac{x_2 + x_1}{2}\right) \qquad (2.49)$$

式中　　K_a——传感器的灵敏度,$V \cdot s^2/m$。

通常有 $L \gg \dfrac{x_2 + x_1}{2}$,即将应变片在梁上的位置看成一个点,且位于梁的根部,则描述传感器的灵敏度 K_a 的公式可以简化为

$$K_a = \frac{-6U_{\text{in}}LKm}{Ebh^2} \qquad (2.50)$$

2.2　电容式传感器

2.2.1　电容式传感器的基本原理与结构类型

如图 2.13 所示,由两平行极板组成一个电容器,若忽略其边缘效应,其电容量可表示为

$$C = \frac{\varepsilon S}{d} = \frac{\varepsilon_r \varepsilon_0 S}{d} \qquad (2.51)$$

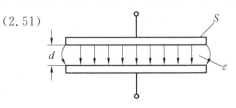

图 2.13　电容式传感器的原理

式中　　S——极板相互遮盖面积,m^2;

　　　　d——两平行极板间的距离,m;

　　　　ε——极板间介质的介电常数,$\varepsilon = \varepsilon_r \varepsilon_0$;

　　　　ε_r——极板间介质的相对介电常数;

　　　　ε_0——真空的介电常数,$\varepsilon_0 = 8.85 \times 10^{-12}$ F/m。

由式(2.51)可见,在 ε_r,S,d 三个参量中,只要保持其中两个不变,而使另一个随被测量的改变而改变,则电容 C 将随被测量的改变而改变。通过测量电容 C 的变化量即可反映被

测量的变化,这就是电容式传感器的工作原理。

电容式传感器在实际应用中有 3 种基本类型,即变极距型、变面积型和变介质型。电容式传感器的结构形式有多种多样,图 2.14 给出了一些典型的结构形式。其中(a)、(b)、(c)、(d)、(e)、(f)为变面积型电容式传感器,(g)、(h)、(i)、(j)为变介质型电容式传感器,(k)、(l)为变极距型电容式传感器。

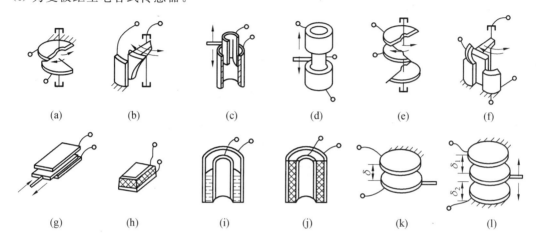

图 2.14　电容式传感器典型的结构形式

电容式传感器与电阻式、电感式等传感器相比,具有以下优点:

① 测量范围大。金属应变丝由于应变极限的限制,$\Delta R/R$ 一般低于 1%,半导体应变片可达 20%,而电容式传感器相对变化量可大于 100%。

② 灵敏度高。如用变压器电桥作测量电路,可测出电容相对变化量达 10^{-7}。

③ 动态响应好。由于电容式传感器带电极板间的静电吸引力很小(10^{-5} N),需要的作用能量极小;又由于它的可动部分可以做得很小很薄,具有很小的可动质量,因此其固有频率很高,动态响应时间很短,可以在较高的频率下工作,因此特别适用于动态测量。

④ 可实现非接触式测量,且具有平均效应。例如,可利用电容式传感器非接触测量回转轴的振动和工件间的间隙等。当采用非接触式测量时,电容式传感器具有平均效应,可以减小由于传感器极板加工过程中局部误差较大而对整体测量准确度的影响。

⑤ 结构简单,适应性强。电容式传感器一般用金属作电极,以无机材料(如玻璃、石英、陶瓷等)作绝缘支承,因此电容传感器能承受很大的温度变化和各种形式的强辐射作用,适合于在恶劣环境中工作。

然而,电容式传感器也有以下缺点:

① 输出阻抗高,负载能力差。无论何种类型的电容式传感器,受电极板几何尺寸的限制,其电容量都很小,一般为几十到几百皮法(pF),因此使电容式传感器的输出阻抗很高,可达 $10^6 \sim 10^8$ Ω。由于输出阻抗很高,因而输出功率小,负载能力差,易受外界干扰影响而产生不稳定现象,严重时甚至无法工作。

② 寄生电容影响大。电容式传感器的初始电容量很小,而连接传感器和电子线路的引线电缆电容、电子线路的杂散电容以及电容极板与周围导体构成的电容等寄生电容却较大。寄生电容的存在不但降低了测量灵敏度,而且引起非线性输出。由于寄生电容是随机变化的,因而使传感器处于不稳定的工作状态,影响测量准确度。

近年来,由于材料、工艺,特别是在电子技术及集成电路技术等方面的发展,成功地解决了电容式传感器存在的技术问题,为电容式传感器的应用开辟了广阔的前景。它不但广泛地用于精确测量位移、厚度、角度、振动等机械量,还用于测量力、压力、差压、流量、成分、液位等参数。

2.2.2　典型的电容式传感器

2.2.2.1　电容式差压传感器

图 2.15(a) 是一种典型的电容式差压传感器的原理结构图。测量膜片 3 与两个固定凹球面电极 4,5 构成差动式球 — 平面型电容器。固定凹球面电极是在绝缘体 6 的凹球表面上蒸镀一层金属膜(如金、铝)而成。绝缘体一般采用玻璃或陶瓷。测量膜片为圆形平膜片,并在圆周上加有预张力。隔离膜片 1,2 分别与测量膜片 3 构成左右两室,两室中充满灌充液 —— 硅油。硅油是一种具有不可压缩性和流动性很好的传压介质。隔离膜片 1,2 分别与外壳 7 构成左右两个容室,称为高压容室 8 和低压容室 9。高、低压被测介质分别通过入口引进高压容室和低压容室,隔离膜片与被测介质直接接触。当隔离膜片 1,2 分别承受高压侧压力 p_H 和低压侧压力 p_L 的作用时,硅油便将压力传递到测量膜片的两面。

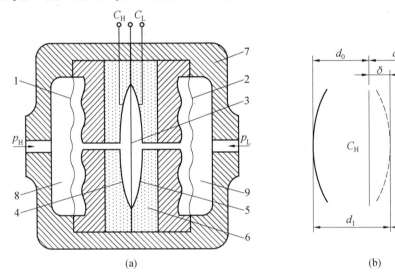

图 2.15　电容式差压传感器

1— 隔离膜片;2— 隔离膜片;3— 膜片;4— 电极;5— 电极;

6— 绝缘体;7— 外壳;8— 高压容室;9— 低压容室

测量膜片与两个固定凹球面电极构成的差动式球 — 平面型电容器如图 2.15(b) 所示,其中测量膜片与低压侧凹球面电极的电容为 C_L,与高压侧凹球面电极的电容为 C_H。当 $p_H = p_L$,即差压 $\Delta p = p_H - p_L = 0$ 时,测量膜片仍保持平整,测量膜片与两个固定凹球面电极的距离相等,均为 d_0,构成的两个电容 C_H 和 C_L 的电容量也完全相等,皆为初始电容 C_0,即 $C_H = C_L = C_0$。当 $p_H > p_L$,即差压 $\Delta p = p_H - p_L > 0$ 时,在差压 Δp 作用下测量膜片产生挠曲变形向低压侧电极板靠近。设测量膜片变形到图中所示的虚线位置,膜片中心产生位移 δ,则有 $d_1 = d_0 + \delta, d_2 = d_0 - \delta$。测量膜片的变形引起两侧电容变化,这时 C_L 增大,C_H

减小,即 $C_L > C_H$。若不考虑边缘电场的影响,测量膜片与固定凹球面电极构成的两个电容器 C_L, C_H 可近似地看作平板电容器。两个电容量之差与两个电容量之和的比值称为差动电容的相对变化值,可表示为

$$\frac{C_L - C_H}{C_L + C_H} = \frac{\varepsilon A \left(\dfrac{1}{d_0 - \delta} - \dfrac{1}{d_0 + \delta} \right)}{\varepsilon A \left(\dfrac{1}{d_0 - \delta} + \dfrac{1}{d_0 + \delta} \right)} = \frac{\delta}{d_0} \tag{2.52}$$

式中　ε—— 两个电容器介质的介电常数;

　　　A—— 两个电容器的凹球面电极的面积。

公式(2.52)表明,差动电容的相对变化值与测量膜片的中心位移 δ 呈线性关系。由于测量膜片是在施加预张力的条件下焊接的,其厚度很薄,致使膜片的特性趋近于柔性膜片在压力作用下的特性。因此,测量膜片的中心位移 δ 与输入压差 Δp 的关系为 $\delta = K_1 \Delta p$,其中,K_1 为由膜片预张力、材料特性和结构参数所确定的系数,对给定的传感器来说为常数。将该式代入到式(2.52)中,得

$$\frac{C_L - C_H}{C_L + C_H} = \frac{K_1}{d_0} \Delta p = K \Delta p \tag{2.53}$$

式中　K—— 比例系数,$K = K_1 / d_0$,为常数。

由式(2.53)可知,差动电容的相对变化值与被测差压呈线性关系,且与灌充液的介电常数无关。电容的相对变化值与介质的介电常数无关,这就从原理上消除了介质的介电常数变化给测量带来的误差。

电容式差压传感器与相应的测量电路一起构成电容式差压变送器,通过测量电路将差动电容的相对变化值成比例地转换成标准信号。电容式差压传感器具有构造简单、准确度高(可达 0.25%)、互换性强等优点。

2.2.2.2　电容式加速度传感器

电容式加速度传感器的原理结构如图 2.16 所示。敏感质量块由两根弹簧片支承置于壳体内,质量块的上下表面磨平抛光作为差动电容的活动极板。壳体的上、下部各有一固定极板,分别与活动极板构成差动电容 C_1, C_2。固定极板靠绝缘体与壳体绝缘。弹簧片较硬,致使系统有较高的固有频率。传感器的壳体固定在被测振动体上。当被测振动体作垂直方向的振动时,产生垂直方向的加速度。传感器的壳体随被测振动体相对

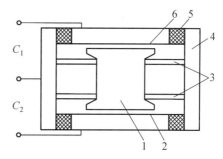

图 2.16　电容式加速度传感器
1— 敏感质量块;2— 固定极板;3— 弹簧片;
4— 壳体;5— 绝缘体;6— 固定极板

于质量块产生垂直方向上的运动,致使差动电容 C_1, C_2 的电容量发生变化,一个增大,一个减小,它们的差值正比于被测加速度。由于采用空气作为阻尼,空气黏度的温度系数比液体的小得多,因此这种加速度传感器的精度较高,频率响应范围宽,量程大,可以测量很高的加速度。

2.3　电感式传感器

电感式传感器是将被测量转换成线圈自感或互感的变化来实现测量的一种装置。可以用来测量位移、振动、压力、流量、重量、力矩、应变等多种物理量。电感式传感器的核心部分是可变自感或可变互感。由于这类传感器一般要利用磁场作为媒介或利用铁磁体的某些现象,所以其主要特征是具有线圈绕阻。电感式传感器灵敏度和分辨率高,输出信号比较大,电压灵敏度一般每毫米可达几百毫伏,因而对信号的传输也十分有利。如电感式位移传感器能测出 $\pm 0.1~\mu m$ 甚至更小的线性位移变化,以及最小到 $0.1°$ 的角位移。其主要缺点是频率响应较低,不宜于高频动态信号测量。

2.3.1　变磁阻式传感器

2.3.1.1　变磁阻式传感器的工作原理

变磁阻式传感器的结构如图 2.17 所示。它由线圈、铁芯和衔铁 3 部分组成。铁芯和衔铁由导磁材料(如硅钢片或坡莫合金)制成。在铁芯和衔铁之间有气隙,气隙厚度为 δ,传感器的运动部分与衔铁相连。当衔铁移动时,气隙厚度 δ 发生改变,引起磁路中磁阻变化,从而导致电感线圈的电感值变化,因此只要能测出这种电感量的变化,就能确定衔铁位移量的大小和方向。

根据电感的定义,线圈中的电感量可表示为

$$L = \frac{N^2}{R_{\mathrm{m}}} \qquad (2.54)$$

式中　　N——线圈的匝数;

　　　　R_{m}——磁路总磁阻。

对于变隙式传感器,因为气隙很小,所以可以认为气隙中的磁场是均匀的。若忽略磁路损耗,则磁路总磁阻为

$$R_{\mathrm{m}} = \frac{l_1}{\mu_1 S_1} + \frac{l_2}{\mu_2 S_2} + \frac{2\delta}{\mu_0 S_0} \qquad (2.55)$$

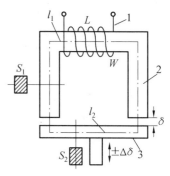

图 2.17　变磁阻式传感器
1—线圈;2—铁芯(定铁芯);
3—衔铁(动铁芯)

式中　　μ_1——铁芯材料的磁导率;

　　　　μ_2——衔铁材料的磁导率;

　　　　l_1——磁通通过铁芯的长度;

　　　　l_2——磁通通过衔铁的长度;

　　　　S_1——铁芯的截面积;

　　　　S_2——衔铁的截面积;

　　　　μ_0——空气的磁导率;

　　　　S_0——气隙的截面积;

　　　　δ——气隙的厚度。

上式中等号右边的前两项是铁芯和衔铁的磁阻,第三项是气隙磁阻。通常气隙磁阻远大于铁芯和衔铁的磁阻,可将前两项忽略,则磁路的总磁阻简化为

$$R_{m} = \frac{2\delta}{\mu_0 S_0} \tag{2.56}$$

将式(2.56)代入式(2.54)可得

$$L = \frac{N^2 \mu_0 S_0}{2\delta} \tag{2.57}$$

上式表明,当线圈匝数为常数时,电感 L 仅仅是磁路中磁阻 R_m 的函数,改变 δ 或 S_0 均可导致电感变化,因此变磁阻式传感器又可分为变气隙厚度 δ 的传感器和变气隙面积 S_0 的传感器。

由式(2.57)可知 L 与 δ 之间是非线性关系。设电感传感器初始气隙为 δ_0,初始电感量为 L_0,衔铁位移引起的气隙变化量为 $\Delta\delta$,当衔铁处于初始位置时,初始电感量为

$$L_0 = \frac{N^2 \mu_0 S_0}{2\delta_0} \tag{2.58}$$

当衔铁上移 $\Delta\delta$ 时,传感器气隙减小 $\Delta\delta$,即 $\delta = \delta_0 - \Delta\delta$,则此时输出电感为 $L = L_0 + \Delta L$,代入式(2.58)得

$$L = L_0 + \Delta L = \frac{N^2 \mu_0 S_0}{2(\delta_0 - \Delta\delta)} = \frac{L_0}{1 - \frac{\Delta\delta}{\delta_0}} \tag{2.59}$$

当 $\Delta\delta/\delta_0 \ll 1$ 时,可将上式按 Taylor 级数展开成级数形式

$$L = L_0 + \Delta L = L_0 \left[1 + \frac{\Delta\delta}{\delta_0} + \left(\frac{\Delta\delta}{\delta_0}\right)^2 + \left(\frac{\Delta\delta}{\delta_0}\right)^3 + \cdots \right] \tag{2.60}$$

由上式可求得电感增量 ΔL 和相对增量 $\Delta L/L_0$ 的表达式,即

$$\frac{\Delta L}{L_0} = \frac{\Delta\delta}{\delta_0} \left[1 + \frac{\Delta\delta}{\delta_0} + \left(\frac{\Delta\delta}{\delta_0}\right)^2 + \cdots \right] \tag{2.61}$$

同理,当衔铁随被测体的初始位置向下移动 $\Delta\delta$ 时,有

$$\frac{\Delta L}{L_0} = \frac{\Delta\delta}{\delta_0} \left[1 - \frac{\Delta\delta}{\delta_0} + \left(\frac{\Delta\delta}{\delta_0}\right)^2 - \left(\frac{\Delta\delta}{\delta_0}\right)^3 + \cdots \right] \tag{2.62}$$

忽略式(2.61)、(2.62)中二次以上的高次项后,可知 ΔL 与 $\Delta\delta$ 呈线性关系,故可知高次项是造成非线性的主要原因。当 $\frac{\Delta\delta}{\delta_0}$ 越小时,高次项减小越迅速,非线性得到改善。由此可见,变间隙式电感传感器的测量范围与灵敏度及线性度相矛盾,因此变隙电感式传感器用于测量小位移时是比较精确的。

2.3.1.2 典型变磁阻式传感器

图 2.18 是变隙电感式压力传感器结构示意图。当压力进入膜盒时,膜盒的顶端在压力 p 的作用下产生与压力 p 大小成正比的位移,于是衔铁也发生移动,从而使气隙发生变化,流过线圈的电流也发生相应的变化,电流表的指示值就反映了被测压力的大小。

图 2.19 为变隙式差动电感压力传感器的结构示意图。它主要由 C 形弹簧管、衔铁、铁芯和线圈等

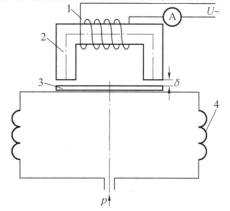

图 2.18 变隙电感式压力传感器结构图
1— 线圈;2— 铁芯;3— 衔铁;4— 电感

组成。当被测压力进入 C 形弹簧管时,C 形弹簧管产生变形,其自由端发生位移,带动与自由端连接成一体的衔铁运动,使线圈 1 和线圈 2 中的电感发生大小相等、符号相反的变化。即一个电感量增大,另一个电感量减小。电感的这种变化通过电桥电路转换成电压输出。由于输出电压与被测压力之间成比例关系,所以只要用检测仪表测量出输出电压,即可得知被测压力的大小。

图 2.20 为差动变压器式加速度传感器的原理图。它由悬臂梁和差动变压器构成。测量时将悬臂梁底座及差动变压器的线圈骨架固定,而将衔铁的 A 端与被测振动体相连。此时传感器作为加速度测量中的惯性元件,它的位移与被测加速度成正比,使加速度测量转变为位移的测量。当被测体带动衔铁以 $\Delta x(t)$ 振动时,导致差动变压器的输出电压也按相同规律变化。

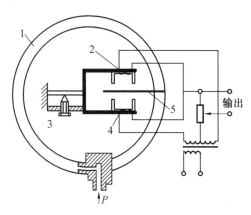

图 2.19 变隙式差动电感压力传感器

1—C 形弹簧管;2,4—线圈;3— 调机械零点螺钉;5— 衔铁

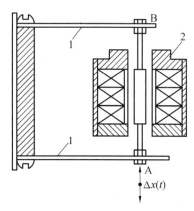

图 2.20 差动变压器式加速度传感器的原理图

1— 悬臂梁;2— 差动变压器

2.3.2 电涡流式传感器

电涡流式传感器的工作机理是电涡流效应,其基本结构如图 2.21 所示。当接通传感器系统电源时,在前置器内会产生一个高频电流信号,该信号通过电缆送到探头的头部,在探头头部周围产生交变磁场 H_1。如果此时有金属导体材料接近探头头部,则因交变磁场的存在将在导体的表面产生电涡流场,且该电涡流场也会产生一个方向与原交变磁场相反的交变磁场 H_2。由于 H_2 的反作用,就会改变探头头部线圈高频电流的幅度和相位,即改变了线圈的有效阻抗。这种变化既与电涡流效应有关,又与静磁学效应有关,即与金属导体的电导率、磁导率、几何形状、线圈几何参数、激励电流频率以及线圈到金属导体的距离等参数有关。

假定金属导体是均质的,其性能是线性和各向同性的,则线圈 — 金属导体系统的物理性质通常可由金属导体的磁导率 μ、电导率 σ、尺寸因子 r、线圈与金属导体距离 δ、线圈激励电流强度 I 和频率 ω 等参数来描述。因此,线圈的阻抗可用函数 $Z = F(\mu, \sigma, r, \delta, I, \omega)$ 来表示。如果控制 $\mu, \sigma, r, I, \omega$ 恒定不变,那么阻抗 Z 就成为距离 δ 的单值函数。由麦克斯韦公式,可以求得此函数为一非线性函数,其曲线为"S"形曲线,在一定范围内可以近似为一线性函数。

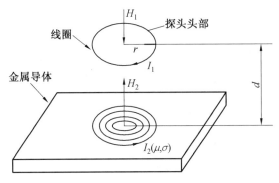

图 2.21　电涡流式传感器作用原理图

　　在实际应用中,通常是将线圈密封在探头中,线圈阻抗的变化通过封装在前置器中的电子线路的处理转换成电压或电流输出。该电子线路并不是直接测量线圈的阻抗,而是采用并联谐振法,如图 2.22 所示,即在前置器中将一个固定电容 $C_0 = \dfrac{C_1 C_2}{C_1 + C_2}$ 和探头线圈 L_x 并联与晶体管 T 一起构成一个振荡器。振荡器的振荡幅度 U_x 与线圈阻抗成比例,因此振荡器的振荡幅度 U_x 会随探头与被测间距 δ 改变。U_x 会经检波滤波、放大、非线性修正后输出,经换算可得到被测物体与探头间距的变化,亦即被测物在探头位置的位移变化。

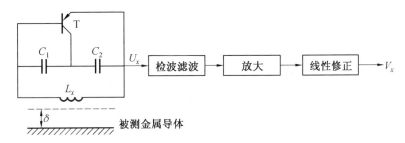

图 2.22　电涡流式传感器系统框图

　　电涡流传感器能静态和动态地非接触、高线性度、高分辨力地测量被测体(必须是金属导体)距探头表面的距离,是一种非接触的线性化计量工具。在高速旋转机械和往复式运动机械的状态分析、振动研究、分析测量中,被广泛应用。电涡流传感器以其长期工作可靠性好、测量范围宽、灵敏度高、分辨率高、响应速度快、抗干扰力强、不受油污等介质影响、结构简单等优点,在大型旋转机械状态的在线监测与故障诊断中得到广泛应用。

2.4　压电式传感器

　　压电式传感器是利用某些电介质材料(如石英晶体)具有压电效应现象制成的。这类电介质材料在一定方向上受到外力(压力或拉力)作用时,在其表面上产生电荷,从而可以实现对非电量的检测。压电式传感器具有体积小、质量轻、频带宽等特点,适用于对各种动态力、机械冲击与振动的测量,广泛应用在力学、声学、医学、宇航等领域。

2.4.1　压电式传感器的基本原理

2.4.1.1　压电效应与压电材料

压电效应分为正向压电效应和逆向压电效应。某些电介质,当沿着一定方向对其施加外力时,内部就产生极化现象,相应地会在它的两个表面上产生符号相反的电荷,当外力去掉后,又重新恢复到不带电状态,这种现象称为压电效应。当外力方向改变时,电荷的极性也随之改变,这种将机械能转换为电能的现象,称为正压电效应。相反,当在电介质极化方向施加电场,这些电介质也会产生一定的机械变形或机械应力,这种现象称为逆向压电效应,也称为电致伸缩效应。

具有压电效应的材料称为压电材料。压电材料能实现机 — 电能量的相互转换,具有一定的可逆性。压电材料可以分为3类:压电(石英)晶体、压电陶瓷和压电高分子材料。目前在传感器中广泛使用的压电材料大多为石英晶体和人工制造的压电陶瓷、钛酸钡、锆钛酸铅等材料,这些材料都具有良好的压电效应。

压电材料的主要特性指标有:

① 压电系数 d_{mn}:它是衡量材料压电效应强弱的参数,一般应具有较大的压电系数。m 表示产生电荷面的轴向,n 表示施加作用力的轴向。

② 力学性能:作为受力元件,通常希望其具有良好的力学性能以满足结构强度和刚度的要求,保证其具有较宽的线性范围和较大的固有频率。

③ 电性能:良好的压电材料应该具有大的介电常数和较高的电阻率,以减小电荷的泄漏,从而获得良好的低频特性。对于一定形状、尺寸的压电元件,其固有电容与介电常数有关,而固有电容又影响着压电传感器的频率下限。

④ 机械耦合系数:是指在压电效应中,转换输出能量(如电能)与输入能量(如机械能)之比的平方根,这是衡量压电材料机 — 电能量转换效率的一个重要参数。

⑤ 居里点温度:最大安全温度,它是指压电材料开始丧失压电特性的温度。

⑥ 时间稳定性:压电特性不应随时间蜕变。

2.4.1.2　工作原理

压电式传感器的基本原理就是利用压电材料的正向压电效应制成。石英晶体是一种典型的压电晶体,其化学式为 SiO_2,为单晶体结构。图 2.23(a) 所示的是天然结构的石英晶体外形图,它是一个正六面体。石英晶体是各向异性材料,可以用 3 个相互垂直的轴来表示,其中纵向轴 z 称为光轴(或称为中性轴),经过六面体棱线并垂直于光轴的 x 称为电轴,与 x 和 z 轴同时垂直的轴 y 称为机械轴。通常把沿电轴 x 方向的力作用下产生电荷的压电效应称为纵向压电效应,而把沿机械轴 y 方向的力作用下产生电荷的压电效应称为横向压电效应。而沿光轴 z 方向的力作用时不产生压电效应。若从晶体上沿 y 方向切下一块如图 2.23(c) 所示的晶片,当沿电轴 x 方向施加作用力 $\boldsymbol{F}_x$ 时,则在与电轴 x 垂直的平面上将产生电荷,其大小为

$$q_x = d_{11} F_x \tag{2.63}$$

式中　　d_{11}——x 方向受力的压电系数。

若在同一切片上,当沿机械轴 y 方向施加作用力 $\boldsymbol{F}_y$,则仍在与 x 轴垂直的平面上产生电荷 q_y,其大小为

$$q_y = d_{12}\frac{a}{b}F_y \tag{2.64}$$

式中　d_{12}——y 轴方向受力的压电系数;

　　　a,b——晶体切片的长度和厚度。

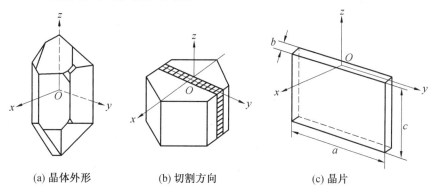

(a) 晶体外形　　　　　(b) 切割方向　　　　　(c) 晶片

图 2.23　石英晶体

根据石英晶体的对称性,有 $d_{12}=-d_{11}$。由此可见,沿机械轴 y 方向施加作用力时,产生的电荷量与晶片的几何尺寸有关。电荷 q_x 和 q_y 的符号由受压力还是受拉力决定,如图 2.24 所示。

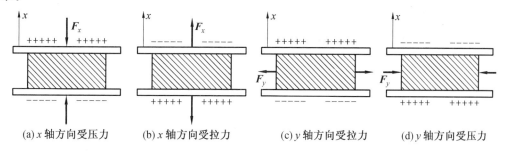

(a) x 轴方向受压力　　　(b) x 轴方向受拉力　　　(c) y 轴方向受拉力　　　(d) y 轴方向受压力

图 2.24　晶片上电荷极性与受力方向关系示意图

压电陶瓷是人工制造的多晶体压电材料。材料内部的晶粒有许多自发极化的电畴(电偶极矩),它有一定的极化方向,从而存在电场。在无外电场作用时,电畴在晶体中是杂乱分布的,各电畴的极化效应相互抵消,压电陶瓷内极化强度为零。因此,原始的压电陶瓷呈中性,不具有压电性质,如图 2.25(a) 所示。加直流电场后,使极性转到接近电场的方向,如图 2.25(b) 所示。当电场去掉后,电畴的极化方向基本保持不变,如图 2.25(c) 所示。

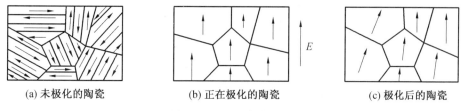

(a) 未极化的陶瓷　　　　(b) 正在极化的陶瓷　　　　(c) 极化后的陶瓷

图 2.25　压电陶瓷的极化

通常将压电陶瓷的极化方向定义为 z 轴,在垂直于 z 轴的平面上的任何直线都可以取作 x 轴或 y 轴。对于 x 轴或 y 轴,其压电效应是等效的,这是压电陶瓷与石英晶体不同的地方。电荷面垂直于 z 轴,电荷量的大小与外力成正比关系,即

$$q = d_{33} F \tag{2.65}$$

式中　　d_{33}—— 压电陶瓷的压电系数;

　　　　F—— 作用力。

目前使用较多的压电陶瓷材料是锆钛酸铅(PZT)系列,它是钛酸铅($PbTiO_2$)和锆酸铅($PbZrO_3$)组成的($Pb(ZrTi)O_3$),其居里点温度在 300 ℃ 以上,性能稳定,有较高的介电常数和压电系数。与石英晶体相比,压电陶瓷的压电系数比石英晶体大得多,所以采用压电陶瓷制作的压电式传感器的灵敏度较高。但经极化处理后的压电陶瓷材料的剩余极化强度和特性与温度有关,它的参数也随时间变化,从而使其压电特性减弱。

为了提高压电传感器的输出灵敏度,在实际应用中常采用将两片(或两片以上)同型号的压电元件黏结在一起使用。从电路上看,接法通常分为两种:一种是并联接法,类似两个电容的并联,外力作用下正负电极上的电荷量增加了一倍,电容量也增加了一倍,输出电压与单片时相同;另一种是串联接法,此时上、下极板的电荷量与单片时相同,总电容量为单片的一半,输出电压增大了一倍。并联接法输出电荷大,本身电容大,时间常数大,适宜用在测量缓变信号并且以电荷作为输出量的场合。串联接法输出电压大,本身电容小,适宜用于以电压作输出信号,并且测量电路输入阻抗很高的场合。

2.4.2　典型的压电式传感器

2.4.2.1　压电式测力传感器

图 2.26 所示的是某型号压电式单向测力传感器的结构示意图,主要由石英晶片、绝缘套、电极、上盖及基座等组成。传感器上盖为传力元件,它的外缘壁厚为 0.1 ~ 0.5 mm,当外力作用时,它将产生弹性变形,将力传递到石英晶片上。石英晶片采用 xy 切型,利用其纵向压电效应,通过 d_{11} 实现力—电转换。石英晶片的尺寸为 8 mm×1 mm。该传感器的测力范围为 0 ~ 50 N,最小分辨率为 0.01 N,固有频率为 50 ~ 60 kHz,整个传感器重仅为10 g。

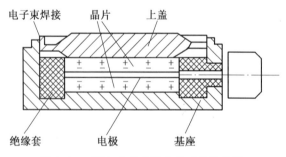

图 2.26　压电式单向测力传感器结构图

2.4.2.2　压电式加速度传感器

压电式加速度传感器又称为压电加速度计,是一种典型的有源传感器。压电加速度传感器的原理如图 2.27 所示。通常是质量—弹簧—阻尼组成的惯性型二阶测量系统。测量

时,将支座与待测物刚性地固定在一起。当待测物运动时,支座与待测物以同一加速度运动。质量块在惯性作用下将与基座之间产生相对位移。质量块感受加速度并产生与加速度成比例的惯性力,压电元件受到惯性力的作用,在晶体的两个表面上产生交变电荷(电压)。当振动频率远低于传感器的固有频率时,传感器的输出电荷(电压)与作用力成正比。电信号经前置放大器放大,即可由一般测量仪器测试出电荷(电压)大小,从而得出物体的加速度。

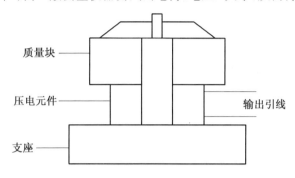

图 2.27　　压缩式压电加速度传感器原理与结构图

2.5　　光纤传感器

　　光纤是 20 世纪后半叶的重要发明之一,它与激光器、半导体光电探测器一起构成了新的光学技术,即光电子学新领域。光纤的最初研究是为了通信,由于光纤具有许多新的特性,因此在其他领域也发展了许多新的应用,其中之一就是构成光纤传感器。

　　光纤传感器以其高灵敏度、抗电磁干扰、耐腐蚀、可挠曲、体积小、结构简单以及与光纤传输线路相容等独特优点,受到世界各国的广泛重视。现已证明,光纤传感器可应用于位移、振动、转动、压力、弯曲、应变、速度、加速度、电流、磁场、电压、湿度、温度、声场、流量、浓度、pH 值等物理量的测量,且具有十分广泛的应用潜力和发展前景。

　　本书只简要介绍光纤传感器的基本工作原理,相关知识的详细内容请参考相关书籍。

2.5.1　　光纤传感器分类

　　光纤传感器是通过被测量对光纤内传输的光进行调制,使传输光的强度(振幅)、相位、频率或偏振等特性发生变化,再通过对被调制过的光信号进行检测,从而得出相应被测量的传感器。光纤传感器一般可分为两大类:一类是功能型传感器(Function Fiber Optic Sensor),又称 FF 型光纤传感器;另一类是非功能型传感器(Non-Function Fiber Optic Sensor),又称 NF 型光纤传感器。前者是利用光纤本身的特性,把光纤作为敏感元件,所以又称传感型光纤传感器;后者是利用其他敏感元件感受被测量的变化,光纤仅作为光的传输介质,用以传输来自远处或难以接近场所的光信号,因此,也称传光型光纤传感器。

2.5.2　　光纤传感器中几种常用的光强调制技术

2.5.2.1　　微弯效应

微弯损耗强度调制器的原理如图 2.28 所示,微弯光纤传感器灵敏度主要与三个因素有关:微弯幅度(主要与传感器结构及位移有关)、微弯数目(即齿数)和微弯周期 Λ(即齿间距)。当垂直于光纤轴线的应力使光纤发生弯曲时,传输光有一部分会泄漏到包层中去,使传输的光强发生损耗,通过光强 — 电压转换电路来检测光强的损耗量,从而实现对位移的测量。

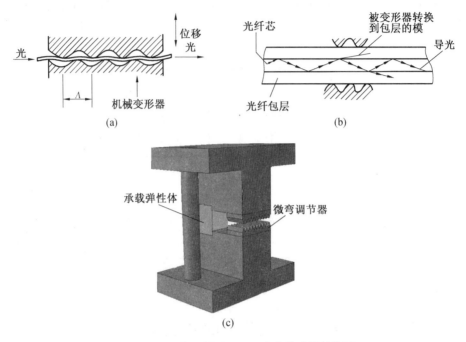

图 2.28　微弯调制器原理及微弯传感器结构图

如图 2.28(c) 所示,用于压力测量的光纤微弯传感器由一个承载弹性体来限制位移的大小,从而控制光纤传感单元的弯曲程度。传感结构是在弹性膜片上安装微弯调节器,考虑到微弯传感器的量程和测量精度的需要,采用承载弹性体与传感光纤分离的结构形式(一对齿板)。通过更换弹性垫片即改变承载弹性体的弹性模量实现对量程和精度的调节。当传感结构受到载荷时,承载弹性体产生变形,夹具带动微弯调节器在光纤横向上产生微小位移,即弹性体将载荷的大小转换为光纤微弯传感器的横向微小位移,进而导致光纤的光信号损耗,从而实现对力学量的测量。

2.5.2.2　光强度的外调制

外调制技术的调制环节通常在光纤外部,因而光纤本身只起传光作用。这里光纤分为两部分:发送光纤和接收光纤。两种常用的调制器是反射器和遮光屏强度调制器。

反射式强度调制器的结构原理如图 2.29(a) 所示。在光纤端面附近设有反光物体 A,光纤射出的光被反射后,有一部分光再返回光纤。通过测出反射光强度,就可以知道物体位置的变化,如图 2.29(b) 所示。为了增加光通量,也可以采用光纤束。

图 2.30 为遮光式光强度调制器原理图,可分为动光闸式和动光纤式。如图 2.30(a) 所示,动光闸式是将发送光纤与接收光纤对准,光强调制信号加在移动的光闸上,光闸移动会改变接收光纤内输出光的强度。如图 2.30(b) 所示,动光纤式是直接移动接收光纤,使接收光纤只接收到发送光纤发送的一部分光,从而改变接收光纤内输出光的强度。这两种方式均可通过合理设计力或位移加载结构与调制器的结合方式,来实现力学量的测量。

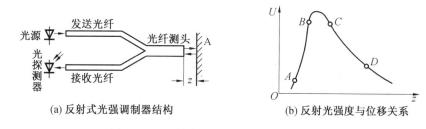

(a) 反射式光强调制器结构　　　　(b) 反射光强度与位移关系

图 2.29　反射式光强调制器的原理结构图

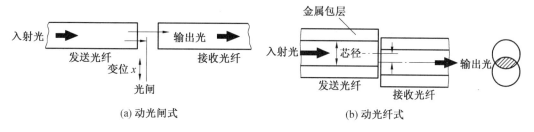

(a) 动光闸式　　　　　　　　　(b) 动光纤式

图 2.30　遮光式强度调制器

2.5.2.3　折射率光强度调制

利用折射率的不同进行光强度调制的原理包括:利用被测物理量引起传感材料折射率的变化;利用渐逝场耦合;利用折射率不同的介质之间的折射与反射。

在一全内反射系统中,利用被测物理量(如温度和压力等)引起介质折射率的变化,使全内反射条件发生变化,再通过检测反射光强,就可监测物理量的变化。例如,温度报警系统,可利用纤芯玻璃和包层玻璃具有不同的折射温度系数这一特征,即在某一温度之上或之下,光纤芯和包层折射率变得相等,甚至使光纤失去波导作用来实现温度报警。

图 2.31(a) 为渐逝场出现在全内反射的情况下光波导中的渐逝场衰减曲线,$E_y(x)$ 为电场幅度。理论分析表明,如此时在纤芯外存在一透射光波(电磁场),它不能把能量带出边界。原因是这时存在的透射波,其振幅随透入光疏介质的深度成指数衰减。所以,渐逝场在光疏介质中深入距离有几个波长时,就可以忽略不计。如果采取一种办法能使渐逝场以可观的振幅穿过光疏介质从而扩展到附近一个折射率高的光密介质中,使能量穿过空隙,这个过程称为受抑全内反射。利用此原理设计的传感器敏感元件如图 2.31(b) 所示。L 为两光

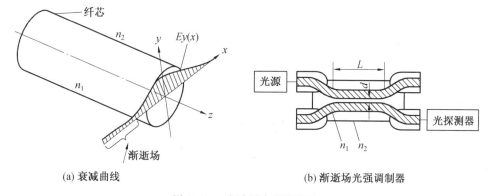

(a) 衰减曲线　　　　　　　　　(b) 渐逝场光强调制器

图 2.31　光波导中的渐逝场

纤的相互作用长度,d 为纤芯之间的距离。在 L 范围内,光纤包层被减薄或完全剥去,以便纤芯之间的距离减小到使这两光纤之间产生足够的渐逝场耦合。两光纤封闭在折射率为 n_2 的介质中,从而使得 d,L 或 n_2 的微小变化均会导致光探测器的接收光强的明显变化。

2.5.3　光纤光栅传感器

既用光纤感测信号又用光纤传输信号的技术是光纤光栅传感技术,是以光纤为载体的传感技术的最杰出代表,是一种新型传感技术。

光纤光栅就是光纤上一小段芯区的折射率发生周期性调制的光纤。光纤光栅传感是通过检测每段光栅反射回来的光信号的波长值变化,实现对被测参数的测量。一个波峰代表一个光纤光栅传感器,各波峰移动变化范围不重叠,可以在一条光纤上实现多点分布式测量。分布式光纤光栅传感网络可用于桥梁、大坝等大型土木工程和各种特殊结构建筑物的健康监测。图 2.32 是分布式光纤光栅传感器网络示意图。

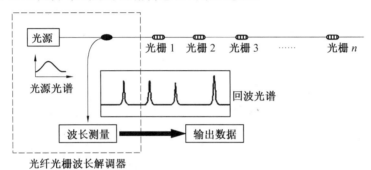

图 2.32　分布式光纤光栅传感器网络

目前在应变测量中使用最多的是布拉格(Bragg)光纤光栅传感器。其采用紫外激光向光纤纤芯内由侧面写入,形成折射率周期变化的光栅结构。当光栅周期较短,光束与光栅以一定的角度斜入射时,光波在介质中要穿过光栅的多个变化间隔。介质内各级衍射光会相互干涉,各高级次衍射光将互相抵消,只出现 0 级和 1 级衍射光,即产生布拉格衍射。

布拉格光纤光栅的结构如图 2.33 所示。入射进光纤光栅的宽带光,只有满足一定条件的波长的光能被反射回来,其余的光都被透射出去。布拉格光纤光栅传感原理是利用光纤光栅的有效折射率和光栅周期对外界参量的敏感特性,将外界参量的变化转化为其布拉格波长的移动,通过检测光栅反射的中心波长的移动实现对外界参量的测量。

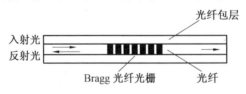

图 2.33　布拉格光纤光栅的结构示意图

当一束入射光照入光纤时,由耦合模理论可知,这种折射率周期变化的光纤光栅的 Bragg 中心波长为

$$\lambda_B = 2n_{eff}\Lambda \tag{2.66}$$

式中　　n_{eff}——纤芯的有效折射率;

　　　　Λ—— 光栅周期。

图 2.34 为一个布拉格光纤光栅反射谱和透射谱。其峰值反射率 R_{m} 为

$$R_{\mathrm{m}} = \tanh^2 \left[\frac{\pi \Delta n L}{2 n_{\mathrm{eff}} \Lambda} \right] \tag{2.67}$$

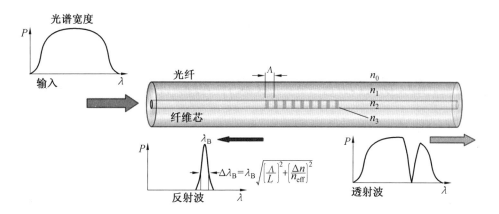

图 2.34　布拉格光纤光栅反射谱和透射谱

反射的半值全宽度,即反射谱的线宽值为

$$\Delta \lambda_{\mathrm{B}} = \lambda_{\mathrm{B}} \sqrt{\left(\frac{\Lambda}{L} \right)^2 + \left(\frac{\Delta n}{n_{\mathrm{eff}}} \right)^2} \tag{2.68}$$

可见 Bragg 波长 λ_{B} 随 n_{eff} 和 Λ 的变化而变化,而 n_{eff} 和 Λ 的改变与应变和温度有关。应变和温度分别通过弹光效应和热光效应影响 n_{eff},通过长度改变和热膨胀效应影响 Λ。当光栅周围的应变 ε 或者温度 T 发生变化时,将导致光栅周期 Λ 或纤芯折射率 n_{eff} 发生变化,从而产生光栅 Bragg 信号的波长发生 $\Delta \lambda_{\mathrm{B}}$ 的变化。通过监测 Bragg 波长偏移情况,即可获得光栅周围的应变或者温度的变化。因而光纤光栅可用来测量诸如压力、形变、位移、电流、电压、振动、速度、加速度、流量、温度等多种物理量。

第3章 理论力学实验

3.1 静、动滑动摩擦因数及滚动摩阻系数的测量实验

3.1.1 概论

摩擦按照接触物体之间的运动情况，可分为滑动摩擦和滚动摩阻。

1.滑动摩擦

① 滑动摩擦力是在两个物体相互接触的表面之间有相对滑动趋势或有相对滑动时出现的切向阻力。前者称为静滑动摩擦力，后者称为动滑动摩擦力。静滑动摩擦力的方向与接触面间相对滑动趋势的方向相反，它的大小随主动力改变，应根据平衡方程确定。当物体处于平衡的临界状态时，静滑动摩擦力达到最大值，因此静滑动摩擦力随主动力变化的范围为 $0 \leqslant F_s \leqslant F_{max}$。

最大静滑动摩擦力的大小，可由静摩擦定律确定，即

$$F_{max} = f_s F_N \tag{3.1}$$

式中 f_s—— 静摩擦因数；

        F_N—— 法向约束力。

② 动滑动摩擦力的方向与接触面间相对滑动的速度方向相反，其大小为

$$F_d = f F_N \tag{3.2}$$

式中 f—— 动摩擦因数，一般情况下略小于静摩擦因数 f_s。

2.滚动摩阻

当两物体有相对滚动或相对滚动趋势时，物体间产生相对滚动的阻碍称为滚动摩阻，如车轮在地面上滚动，就有滚动摩阻。

在水平面上，滚子重力为 $\boldsymbol{P}$，滚子半径为 R，在其中心 O 上作用一水平力 $\boldsymbol{F}$。因为滚子和平面实际上并不是刚体，它们在力的作用下会发生变形，如图 3.1(a) 所示。在接触面上受力向点 A 简化，得到一个力 $\boldsymbol{F}_R$ 和一个矩为 M_f 的力偶，如图 3.1(b) 所示。力 $\boldsymbol{F}_R$ 与图相对可分解为水平方向的滑动摩擦力 $\boldsymbol{F}_S$ 和正压力 $\boldsymbol{F}_N$，这个矩为 M_f 的力偶称为滚动摩阻力偶（简称滚阻力偶），它与力偶(F, F_S)平衡，它的转向与滚动的趋向相反，如图 3.1(c) 所示。物体平衡时，滚动摩阻力偶矩 M_f 随主动力偶矩的增加而增大，当力 F 增加到某个值时，滚子处于将滚未滚的临界状态，这时，滚动摩阻力偶矩达到最大值称为最大滚动摩阻力偶矩（M_{max}）。

物体滚动时，滚动摩阻力偶矩近似等于 M_{max}。滚动摩阻力偶矩 M_f 的变化范围为

$$0 \leqslant M_f \leqslant M_{max}, \quad M_{max} = \delta F_N \tag{3.3}$$

式中 δ—— 滚动摩阻系数。

滚动摩阻系数的物理意义如下。根据力的平移定理,可将其中的法向约束力 $\boldsymbol{F}_{\mathrm{N}}$ 与最大滚动摩阻力偶 $M_{\max}$ 合成为一个力 $\boldsymbol{F}'_{\mathrm{N}}$,且 $F'_{\mathrm{N}}=F_{\mathrm{N}}$。力 $\boldsymbol{F}'_{\mathrm{N}}$ 的作用线距中心线的距离为 d,如图 3.1(d) 所示,$d=M_{\mathrm{f}}/F_{\mathrm{N}}$。又由滚动摩阻定律有 $M_{\max}=\delta F_{\mathrm{N}}$,可得 $\delta=d$。因此,δ 可看成即将滚动时,法向约束力 $\boldsymbol{F}'_{\mathrm{N}}$ 离中心线的最远距离,也就是最大滚阻力偶$(\boldsymbol{F}'_{\mathrm{N}},P)$的臂,故它具有长度的量纲。

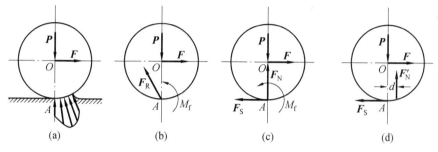

图 3.1　滚子的受力分析

3.1.2　实验目的

① 掌握静、动滑动摩擦因数的测试原理。
② 观察不同材质、表面粗糙度等因素对静、动滑动摩擦因数的影响。
③ 掌握滚动摩阻系数的测试原理。
④ 观察不同材质、表面粗糙度等因素对滚动摩阻系数的影响。
⑤ 加强学生对摩擦机理复杂性的定性认识。

3.1.3　实验原理

1.静滑动摩擦因数的测量原理

放置在斜面上的物体处于要动未动的临界状态时,$mg\sin\theta=f_{\mathrm{s}}mg\cos\theta$(图 3.2),则静滑动摩擦因数 f_{s} 为

$$f_{\mathrm{s}}=\tan\theta \tag{3.4}$$

2.滚动摩阻系数的测量原理

放置在斜面上的物体处于要滚动未滚动的临界状态时,$\boldsymbol{F}_{\mathrm{s}}$ 为阻止滚子滑动的静滑动摩擦力,由图3.3可知,$Rmg\sin\theta=\delta mg\cos\theta$,从而得出滚动摩阻系数$\delta$等于斜面倾角$\theta$的正切值与滚子半径 R 的乘积,即

$$\delta=R\tan\theta \tag{3.5}$$

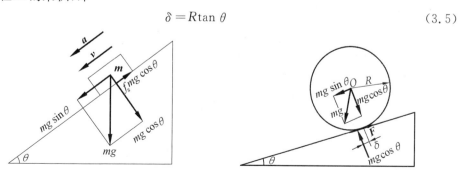

图 3.2　滑块的受力分析　　　　　　图 3.3　滚子的受力分析

3. 动滑动摩擦因数测量原理

如图 3.4 所示,将试样 A 从斜面上方释放,让其沿斜面上自由滑下,挡光片经过 L_1,L_2 时,触发光电门,分别测取挡光片经过光电门 L_1,L_2 的时间 t_1,t_2,同时测出试样 A 经过光电门 1 和光电门 2 之间所用的时间 t_3。由于 s 是根据光电测速仪要求设置的,因此光电测速仪可以显示试样 A 穿过光电门 1、光电门 2 的 v_1 和 v_2,并且还可以显示试样 A 在 s 段的平均加速度 a。

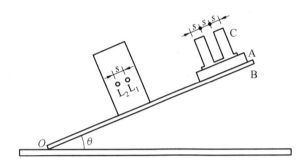

图 3.4　动滑动摩擦因数和动滚动摩阻系数测试原理图
A— 不同材质试样;B— 不同材质板材的实验台;C— 不透光挡光片;
L_1,L_2— 光电管传感器,挡光片宽度 s 自动设定为 10 mm

$$a = \frac{v_2 - v_1}{t} = \frac{\dfrac{2s}{t_2} - \dfrac{2s}{t_1}}{t_3} = 2s \times \frac{t_1 - t_2}{t_1 t_2 t_3} \qquad (3.6)$$

让物体沿斜面运动,由光电测速仪(毫秒计)测出其瞬时加速度,由计算得出动滑动摩擦力,利用动滑动摩擦定律 $F_d = f F_N$ 得到动滑动摩擦因数。

滑动状态时,由图 3.2 可知

$$mg \sin \theta - f mg \cos \theta = ma \qquad (3.7)$$

3.1.4　实验仪器设备

① 摩擦因数实验台(图 3.5)。
② 光电测速仪。
③ 不同材质的板材。
④ 不同材质的试样。

3.1.5　实验步骤

图 3.5　摩擦因数实验台

首先调整实验台 4 个垫脚,将台面调至水平(气泡在中央)。

1. 静滑动摩擦因数和滚动摩阻系数的测定
① 将被测试样置于可动板上,慢慢摇动手柄。
② 记录下物块欲动(未动)瞬时的角度(重复 3~5 次)。
③ 更换物块及板,重复以上步骤。

2. 动滑动摩擦因数的测量
① 调节支架上螺母使光电感应器降至稍高于试块,且试块上的铜片能遮住光电门上的圆孔。

② 将光电测速仪与电源连接好,将光电门线插入左起第 1、第 3 个插口(注意一定要接驳可靠),打开电源开关。

③ 按功能键调至加速度挡,按转换键调至速度挡。

④ 将板调至试块可以滑动的角度,手持试块静止在离光电门较近位置(注意:使试块上的铜片能顺次通过光电门)。

⑤ 松开手,让物块在光电门中间沿直线轨迹平动滑下(注意不要发生转动)。从显示屏记录瞬时加速度读数。

⑥ 调大板的角度,重复以上步骤(需采集 2～4 种角度下的加速度值)。

3.1.6　数据处理

1.静滑动摩擦因数和滚动摩阻系数

① 根据实验记录,计算不同材料间的 f_s 或 δ。

② 将实验值与教材中给出的值相比较,分析原因。

③ 分析不同材质、表面粗糙度对静滑动摩擦因数和滚动摩阻系数的影响。

2.动滑动摩擦因数

① 根据实验记录的加速度值分别计算不同材料间的 f。

② 分析不同材质、表面粗糙度对动摩擦因数的影响。

3.1.7　思考题

① 静滑动摩擦因数和滚动摩阻系数测量过程中,误差产生的原因有哪些?

② 做完实验,你对静滑动摩擦因数和滚动摩阻系数受诸多因素影响有何想法? 你能总结出规律吗?

③ 你有什么好的测试方法,既可以节省时间,又不会影响测量精度?

3.2　刚体转动惯量测试实验

3.2.1　概论

刚体转动惯量是刚体在转动中惯性大小的量度,它的重要性类似于平动中物体的质量。一个刚体对于某一给定轴的转动惯量,是刚体中每一单元质量的大小与单元质量到转轴的距离平方的乘积之和,即

$$J_z = \sum_{i=1}^{n} m_i r_i^2 \tag{3.8}$$

均质圆板的转动惯量为

$$J_z = \frac{1}{2} m R^2 \tag{3.9}$$

平行轴定理　刚体对任意轴的转动惯量等于刚体对于通过质心并与该轴平行的轴的转动惯量,加上刚体的质量与两轴间距离平方的乘积,即

$$J_z = J_{zC} + m d^2 \tag{3.10}$$

刚体的转动惯量与刚体的质量、刚体的质量分布、转轴的位置与方位有关。对于几何形状规则的刚体,可用积分式计算出它绕过质心轴转动的转动惯量,并根据平行轴定理,计算出刚体绕任一特定轴转动的转动惯量。但对于形状复杂的刚体,用数学方法求转动惯量则相当困难,一般宜采用实验的方法来测定。测量刚体转动惯量的方法有多种,如动量矩守恒法、能量守恒法、三线悬挂扭振法(三线摆法)、摆振法、单轴扭振法等,学会刚体转动惯量的测量方法,对工作具有重要的现实意义,如飞轮、炮弹、发动机叶片、电机、电机转子、卫星等的设计工作。

3.2.2　实验目的

① 掌握用动量守恒法、能量守恒法、三线摆法测定刚体转动惯量的基本原理。
② 掌握汽浮式实验台和三线摆转动惯量测试仪操作方法。
③ 培养学生熟练应用动力学定理解决问题的能力。

3.2.3 实验原理

1.利用动量矩守恒定理测量刚体的转动惯量

如图 3.6 所示,水平托盘可绕托盘中心点的垂直轴(简称中心轴)作水平转动,在气浮台的作用下,托盘水平面转动的动量矩损失较小。给定托盘一初始角速度 ω_1,则托盘对垂直轴的动量矩为 $J_0\omega_1$;当被测试样放在角速度为 ω_1 的托盘上时,托盘角速度变为 ω_2。此时试样和托盘对转轴的动量矩为 $(J_0+J_1)\omega_2$,由于没有水平面的作用力,根据动量矩守恒定理,即

$$J_0\omega_1 = (J_0+J_1)\omega_2 \tag{3.11}$$

式中　J_0—— 托盘转动惯量;

　　　J_1—— 试样转动惯量;

　　　ω_1—— 试样落下前托盘的瞬时角速度;

　　　ω_2—— 试样落下后托盘系统的瞬时角速度。

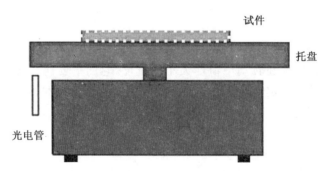

图 3.6　利用动量矩守恒定理测量刚体的转动惯量原理图

气浮式转台的托盘上安装了固定宽度 b 的挡片,光电管能测出每片挡片通过的时间 t,则角速度可测量如下:

$$\omega = \frac{v}{R} = \frac{b}{tR} \tag{3.12}$$

式中　　R——测点到转轴轴心的半径。

2.利用能量守恒原理测量刚体的转动惯量

如图 3.7 所示,水平托盘可绕托盘中心点的垂直轴(简称中心轴)作水平转动,在气浮台的作用下,托盘水平面转动的动能损失较小。在不受其他外力的情况下,重锤的势能等于重锤的动能和托盘系统的动能之和,即

$$mgh = \frac{1}{2}mr^2\omega^2 + \frac{1}{2}J_0\omega^2 \quad 或 \quad mgh = \frac{1}{2}mr^2\omega^2 + \frac{1}{2}J_0\omega^2 + \frac{1}{2}J_1\omega^2 \quad (3.13)$$

式中　　ω——重锤下落 h 高度时,托盘的瞬时角速度;

　　　　h——重锤下落高度;

　　　　m——重锤质量。

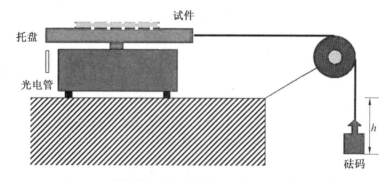

图 3.7　利用能量守恒定理测量刚体的转动惯量原理图

3.利用三线摆法测量刚体的转动惯量

图 3.8 是三线摆实验装置的示意图。上、下圆盘均处于水平,悬挂在横梁上。三个对称分布的等长悬线将两圆盘相连。上圆盘固定,下圆盘可绕中心轴 OO' 作扭摆运动。当下盘扭转振动,其转角 θ 很小时,且略去空气阻力,扭摆的运动可近似看作简谐运动,其运动方程为

$$\theta = \theta_0 \sin\frac{2\pi}{T_0}t \qquad (3.14)$$

图 3.8　三线摆

当摆离开平衡位置最远时,其重心升高 h,根据机械能守恒定律有

$$\frac{1}{2}I\omega_0^2 = mgh \quad 即 \quad I = \frac{2mgh}{\omega_0^2} \qquad (3.15)$$

而

$$\omega = \frac{\mathrm{d}\theta}{\mathrm{d}t} = \frac{2\pi\theta_0}{T}\cos\frac{2\pi}{T}t, \omega_0 = \frac{2\pi\theta_0}{T_0} \qquad (3.16)$$

将(3.16)式代入(3.15)式得

$$I = \frac{mghT^2}{2\pi^2\theta_0^2} \qquad (3.17)$$

从图 3.9 中的几何关系中可得

$$(H-h)^2 + R^2 - 2Rr\cos\theta_0 + r^2 = l^2 = H^2 + (R-r)^2 \qquad (3.18)$$

简化得 $Hh - \dfrac{h^2}{2} = Rr(1 - \cos \theta_0)$，略去 $\dfrac{h^2}{2}$，且取 $1 -$

$\cos \theta_0 \approx \theta_0^2/2$，则有 $h = \dfrac{Rr\theta_0^2}{2H}$，代入 (3.17) 式得

$$I = \frac{mgRr}{4\pi^2 H}T^2 \qquad\qquad (3.19)$$

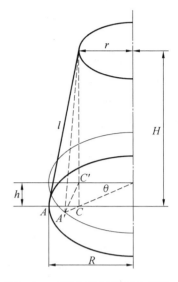

上式即为根据能量守恒原理和刚体绕定轴的转动微分方程导出的物体绕中心轴 OO' 的转动惯量，取下标 0 代表空盘状态，则

$$I_0 = \frac{m_0 gRr}{4\pi^2 H_0}T_0^2 \qquad\qquad (3.20)$$

式中各物理量的意义如下：m_0 为下盘的质量；r、R 分别为上下悬点离各自圆盘中心的距离；H_0 为平衡时上下盘间的垂直距离；T_0 为下盘作简谐运动的周期；g 为重力加速度（在哈尔滨地区 $g = 9.806\ 6\ \text{m/s}^2$）。

图 3.9　三线摆几何关系示意图

　　将质量为 m 的待测物体放在下盘上，并使待测刚体的转轴与 OO' 轴重合。测出此时摆运动周期 T_1 和上下圆盘间的垂直距离 H。同理可求得待测刚体和下圆盘对中心转轴 OO' 轴的总转动惯量为

$$I_1 = \frac{(m_0 + m)gRr}{4\pi^2 H}T_1^2 \qquad\qquad (3.21)$$

　　如不计因重量变化而引起悬线伸长，则有 $H \approx H_0$。那么，待测物体绕中心轴的转动惯量为

$$I = I_1 - I_0 = \frac{gRr}{4\pi^2 H}\left[(m + m_0)T_1^2 - m_0 T_0^2\right] \qquad\qquad (3.22)$$

因此，通过长度、质量和时间的测量，便可求出刚体绕某轴的转动惯量。

　　用三线摆法还可以验证平行轴定理。若质量为 m 的物体绕通过其质心轴的转动惯量为 I_c，当转轴平行移动距离 x 时（如图 3.10 所示），则此物体对新轴 OO' 的转动惯量为 $I_\infty = I_c + mx^2$。这一结论称为转动惯量的平行轴定理。

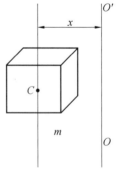

　　实验时将质量均为 m'，形状和质量分布完全相同的两个圆柱体对称地放置在下圆盘上（下盘有对称的两个小孔）。按同样的方法，测出两小圆柱体和下盘绕中心轴 OO' 的转动周期 T_x，则可求出每个柱体对中心转轴 OO' 的转动惯量：

$$I_x = \frac{(m_0 + 2m')gRr}{4\pi^2 H}T_x^2 - I_0 \qquad\qquad (3.23)$$

图 3.10　平行轴定理

如果测出小圆柱中心与下圆盘中心之间的距离 x 以及小圆柱体的半径 R_x，则由平行轴定理可求得

$$I'_x = m'x^2 + \frac{1}{2}m'R_x^2 \qquad\qquad (3.24)$$

比较 I_x 与 I'_x 的大小，可验证平行轴定理。

3.2.4　实验装置

① 气浮式转台(图 3.11)

② 三线摆(图 3.8)、水准仪、米尺等。

③ 不同规格的试样

图 3.11　气浮式转台

3.2.5　实验步骤

1.利用动量矩守恒原理的实验步骤

① 首先将气浮转台与外电源连接,将"风速旋钮"调至 100 V ～ 125 V(注意不能超过 200 V)。依次按下总电源开关及风机开关,气浮台上的托盘被气垫托起。

② 打开台面上光电测速装置的电源开关。

③ 将控制器的"方式"键拨至"方式 1"。

④ 将被测试样放置在托盘上,使试样的形心对准托盘的中心。

⑤ 打开铁框架上的"锁紧"开关使电磁铁下降,当接触到被测试样时,按下"电磁铁 1"控制键(指示灯亮),此时被测试样被"电磁铁 1"吸合。

⑥ 提起被测试样,提起高度不超过 10 mm,关上铁框架上的"锁紧"开关,用手推动托盘,使盘有一定转速。

⑦ 按下"运行"键,此时系统进行实验前检查。如果电磁铁没有吸合,或托盘没有转动,系统会在显示屏上给予提示。纠正错误后请重新按下"运行"键再进行检测。通过检测后,显示屏上将出现:"可以开始实验一",同时显示当前托盘的角速度。

⑧ 按下"电磁铁 1"控制键,电磁铁释放被测试样。当显示屏出现"实验一完成,可以查询"时,按"查询"键,显示屏上的"速度一"为被测试样离开电磁铁时托盘的瞬时角速度;显示屏上的"速度二"为被测试样落到托盘上的瞬时角速度。

⑨ 若要重复实验,按"复位"键清零后,重复以上步骤。

2.利用能量守恒原理的实验步骤

① 打开"锁紧"开关,将电磁铁提起一定高度再关上"锁紧"开关。将控制器的"方式"键拨至"方式 2"。

② 将重锤连线一端的细螺钉插入托盘边缘的孔中,使线绕在盘缘凹陷处,并绕过小滑轮。转动托盘,使螺钉对准台面上绿色"电磁铁 2 吸合位置"的箭头。按下"电磁铁 2"控制键,托盘被吸合静止。

③ 将被测试样放置在托盘上,使试样重心对准托盘中心。扶稳重锤(不晃动),测量重锤高度。按"运行"键,如果操作没有错误,显示屏将显示"可以开始实验二"。如果显示屏上显示"请吸合电磁铁 2",则需检查螺钉位置,吸合后重新按下"运行"键。

④ 拨动"电磁铁 2"控制键,重锤下落。显示屏显示"实验二进行中"。当显示屏显示"可以查询"时,按"查询"键,显示屏显示两个数据:(1)重锤落地时托盘的角速度;(2)重锤从释放到落地所用时间。

⑤ 若要重复实验,按"复位"键清零后,重复以上步骤。

3.利用三线摆法的实验步骤

① 调整下盘水平:将水准仪置于下盘任意两悬线之间,调整小圆盘上的三个旋扭,改变三悬线的长度,直至下盘水平。

② 测量空盘绕中心轴 OO' 转动的运动周期 T_0:轻轻转动上盘,带动下盘转动,这样可以避免三线摆在作扭摆运动时发生晃动。注意扭摆的转角控制在 5° 以内。用累积放大法测出扭摆运动的周期,即用秒表测量累积 30 至 50 次的时间,然后求出其运动周期。测量时间时,应在下盘通过平衡位置时开始计数,并默读 5、4、3、2、1、0,当数到"0"时启动停表,这样既有一个计数的准备过程,又不致于少数一个周期。

③ 测出待测圆环与下盘共同转动的周期 T_1:将待测圆环置于下盘上,注意使两者中心重合,按同样的方法测出它们一起运动的周期 T_1。

④ 测出上下圆盘三悬点之间的距离 a 和 b,然后算出悬点到中心的距离 r 和 R(等边三角形外接圆半径)

⑤ 其他物理量的测量:用米尺测出两圆盘之间的垂直距离 H_0;用游标卡尺测出待测圆环的内孔和外直径 $2R_1$、$2R_2$。

⑥ 记录各刚体的质量。

3.2.6　数据整理

① 记录被测刚体的质量、尺寸(均质、几何形状规则)。

② 记录电磁铁释放重物前、后托盘的瞬时角速度。

③ 记录重锤下落高度、托盘的瞬时角速度。

④ 选择动力学定理,导出计算转动惯量的数学表达式,代入已记录的数据,求其值。

⑤ 计算被测刚体转动惯量的理论值。

⑥ 将实验值与理论值相比较,分析产生误差的原因。

3.2.7　思考题

① 在动量守恒原理和能量守恒原理两种操作方法测试中,都需要已知托盘的转动惯量,应怎样解决?

② 测试圆环的转动惯量可否选择操作方式 1? 应如何操作?

③ 按上述方法测试的带偏心空洞的刚体,测试结果是对哪一个轴的转动惯量? 如何测试其相对于质心轴的转动惯量?

④ 汽浮式转台设备可否测试非均质试样对过质心轴的转动惯量? 如何测试?

⑤ 用三线摆测刚体转动惯量时,为什么必须保持下盘水平?

⑥ 在测量过程中,如下盘出现晃动,对周期测量有影响吗? 如有影响,应如何避免之?

⑦ 三线摆放上待测物后,其摆动周期是否一定比空盘的转动周期大? 为什么?

⑧ 测量圆环的转动惯量时,若圆环的转轴与下盘转轴不重合,对实验结果有何影响?

⑨ 如何利用三线摆测定任意形状的物体绕某轴的转动惯量?

⑩ 三线摆在摆动中受空气阻尼,振幅越来越小,它的周期是否会变化? 对测量结果影响大吗? 为什么?

⑪ 作完实验后,你有哪些感受、建议、要求?

3.3　刚性转子动平衡实验

3.3.1　概论

工程中许多高速转动的机器:汽轮机、发电机、电动机、陀螺马达等其转子都不是理想的对称刚体,在轴承上安装时也存在着误差(既有偏心又有偏角)。所以工作时会产生不平衡的惯性力系,引起很大的轴承动约束力。这种交变的动约束力可引起轴承支座和转轴本身的强烈振动,从而影响机器的工作性能和工作寿命。消除动约束力的方法是对转子进行动平衡,即通过在转子上适当的地方附加(或除去)小块质量,用其产生的惯性力去平衡原来不平衡的惯性力系,使转轴成为有一定精度的中心惯性主轴。

3.3.1.1　转子不平衡量的种类

任何一个旋转机械作匀速运转时,其内部的每个质点都会产生惯性力,所有的惯性力组成了惯性力系。由力学原理可知,转子不平衡的惯性力系都可简化为一个主矢和主矩。刚性转子平衡的必要与充分条件是惯性力系向任一点简化得到主矢和主矩都为 0,满足条件 $R=0,M=0$ 的轴称为中心惯性主轴。当不满足条件 $R=0,M=0$ 时,转子处于不平衡状态。转子不平衡从惯性力系简化结果的不同可分成四种类型:静不平衡、力偶不平衡、准静不平衡和动不平衡。

静不平衡是中心惯性主轴仅平行偏离于旋转轴线的不平衡状态,相当于在完全平衡好的转子的重心所在的径向平面上加一质量块 m,主矢和主矩满足 $R\neq0,M=0$。静不平衡量可由一个矢量 $U_s=me$ 来表示,并且通过转子的重心 G,如图 3.12(a) 所示。只需在对称位置上加一相等校正量或将原来的不平衡量除去即可校正静不平衡量。

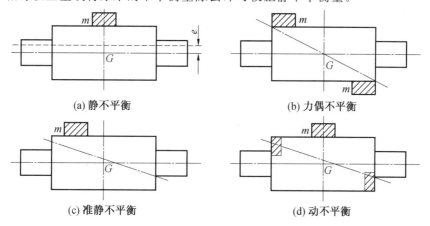

(a) 静不平衡　　　　　　　　　　　　　　(b) 力偶不平衡

(c) 准静不平衡　　　　　　　　　　　　　(d) 动不平衡

图 3.12　转子不平衡的种类

力偶不平衡是中心惯性主轴与旋转轴线在重心 G 相交的不平衡状态,主矢和主矩满足 $R=0,M\neq0$。力偶不平衡量可以用一对大小相同、方向相反的矢量来表示,如图 3.12(b) 所示。这种不平衡量需要用两个校正平面上大小相同、方向相反的一组校正量才能校正。

准静不平衡是中心惯性主轴与旋转轴线在重心 G 以外的某一点相交的不平衡状态,相当于在完全平衡好的转子非重心平面上加一质量块 m,如图 3.12(c) 所示,主矢和主矩满足

$R \neq 0, M \neq 0$。准静不平衡量在效果上可由一个静不平衡量与一个力偶不平衡量合成,并且处于同一个轴向平面上。重心上的不平衡量是静不平衡量,其余两个不平衡量构成力偶不平衡量。在一个校正面上加上或去掉一定的质量就能校正准静不平衡量。

动不平衡是中心惯性主轴与旋转轴线既不平行又不相交的不平衡状态,主矢和主矩满足 $R \neq 0, M \neq 0$。动不平衡量可用静不平衡量和力偶不平衡量叠加而成,如图 3.12(d) 所示。动不平衡校正必须在两个或多个平面上加重或去重才能使转子平衡。

3.3.1.2　转子不平衡量的表达方式

对于一个实际转子,可以看作是由无穷多个厚度很薄的圆盘沿轴向所组成,如图 3.13(a) 所示。若组成转子的每个薄圆盘质量分布均匀,转子质心与旋转中心重合,则转子在旋转时各个方向的离心力的合力为零,转子处于平衡状态。当这些薄圆盘的质心 O' 与旋转中心 O 不重合时,将引起转子不平衡,如图 3.13(b) 所示。

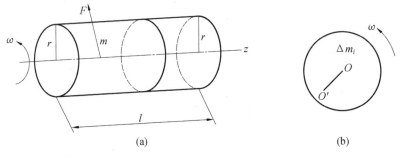

图 3.13　转子不平衡分布

设第 i 个薄圆盘的质量为 Δm_i,其质心与旋转轴线中心的距离为 e_i,转子角速度为 ω,则该圆盘产生的离心力为

$$F_i = \Delta m_i e_i \omega^2 \tag{3.25}$$

由于组成转子的各圆盘偏心的大小不等,其径向的位置也各异,因此,不平衡量实际上是一个个的矢量。当转子以角速度 ω 旋转时,这些矢量形成了一个分布的离心惯性力为

$$F = \sum \Delta m_i e_i \omega^2 = m r \omega^2 \tag{3.26}$$

式中　　m—— 转子不平衡质量,g;

　　　　r—— 转子质心到旋转轴 z 的距离矢量即旋转半径,mm。

通常用重径积 mr(单位是 g·mm) 来表示对转子进行校正时的不平衡量,它是一个相对量,大小与转子的质量有关。而衡量一个转子的平衡精度或平衡优劣程度时,一般用转子单位质量的不平衡量即不平衡率表示。不平衡率也叫转子的偏心距 $e = mr/M$,其中 M 表示转子的质量,它与转子的质量无关是一个绝对量。

3.3.1.3　转子分类

针对不同的转子,动平衡理论的依据不同,因此要对转子进行分类。根据转子动力学特性和工作转速的不同,把转子分为两类:刚性转子和挠性转子。刚性转子的概念在 ISO1925 中定义为:凡可在两个或一个任选的校正面上进行校正,并且校正后在任意转速直至最高工作转速过程中它的不平衡量不会明显超过平衡允差。刚性转子在运转中可以把转子本身的弯曲忽略不计,即其旋转轴线可看成空间固定的直线,不平衡量是基本不随转速变化的。我国机械工业部颁布的 JB3330—83"汽轮机刚性转子动平衡标准"中,为了实用方便起见,对刚性转子的定义增加了以下补充说明:就汽轮机转子而言,刚性转子最高连续运行转速一般应小于转子—轴承系统第一弯曲临界转速的 70%。针对挠性转子而言,工作转速超过一阶临界转速时不平衡离心力引起的转子挠曲变形是不能忽略的。挠性转子的不平衡状态是随转速而不断变化的,即使在某一转速下平衡好的转子,当转速发生变化后,原有平衡状态又会被破坏。

从转子平衡角度看,如何更科学的判断转子是刚性还是挠性? 具体做法如图 3.14 所示,在转子的左右端面上分别加上质量为 M 的质量块,仅考虑第一阶弯曲振型,在工作转速下测得左端或右端轴承的振动幅值为 B_1,然后把两质量块一起放到转子的中间位置,测得同一轴承的振动幅值为 B_2,用系数 $\beta = (B_2 - B_1)/B_1$ 作为转子"柔度"的度量。当 $0 < \beta < 0.4$ 时称为刚性转子,对于等截面转子来说,这相当于工作转速与第一阶临界转速之比 $n/n_c < 0.5$。当 $0.4 \leqslant \beta < 1.25$ 时称为准刚性转子,而 $\beta \geqslant 1.25$ 时称为挠性转子。

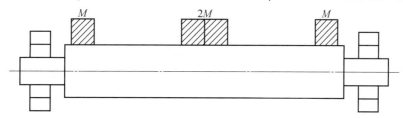

图 3.14　刚性转子和挠性转子的判定

3.3.2　实验目的

① 掌握刚性转子动平衡的基本理论和平衡原理;
② 掌握单、双面动平衡的基本方法和步骤;
③ 了解振动信号测试的基本方法和处理技术。

3.3.3　实验原理

3.3.3.1　刚性转子的平衡原理

对于刚性转子,平衡问题可利用刚体力学的知识解决,只需消除某转速下的不平衡力矩、力偶的影响。任何转子的不平衡分布函数是空间的和随机的,按照刚性力学原理,将沿轴线的所有不平衡离心力向质心简化为一个合力和一个合力偶。刚性转子的不平衡分布函数及其分解如图 3.15 所示。

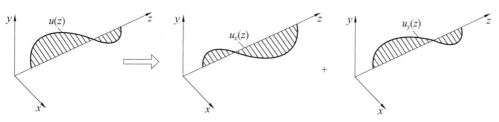

图 3.15　不平衡量分布函数的分解

$u(z)$ 表示转子不平衡分布函数,$u(z)$ 的分解函数分别是 $u_x(z)$ 和 $u_y(z)$,它们都是平面

力系，$u(z)$、$u_x(z)$、$u_y(z)$ 满足公式(3.27)

$$u(z) = u_x(z) + ju_y(z) \tag{3.27}$$

根据力学原理建立 x、y 方向上的力平衡方程和力偶平衡平衡方程，即

$$\begin{cases} \int u_x(z)\mathrm{d}z + \sum_{i=1}^{N} W_{xi} = 0 \\ \int u_x(z)z\mathrm{d}z + \sum_{i=1}^{N} W_{xi}z_i = 0 \end{cases} \tag{3.28}$$

$$\begin{cases} \int u_y(z)\mathrm{d}z + \sum_{i=1}^{N} W_{yi} = 0 \\ \int u_y(z)z\mathrm{d}z + \sum_{i=1}^{N} W_{yi}z_i = 0 \end{cases} \tag{3.29}$$

式中　W_{xi} 和 W_{yi}——x 向、y 向的校正量；

z_i—— 校正量所在的轴向坐标；

N—— 校正量的个数；

I—— 校正量的序数，方程若要有唯一解，N 必须为 2。

W_{x1} 与 W_{y1} 在同一轴截面，W_{x2} 与 W_{y2} 在同一轴截面，它们分别合成两个校正量，即

$$\begin{cases} W_1 = W_{x1} + jW_{y1} \\ W_{21} = W_{x2} + jW_{y2} \end{cases} \tag{3.30}$$

将方程(3.29)乘以 j 再与(3.28)相加，可得到刚性转子的动平衡方程，即

$$\begin{cases} \int u(z)\mathrm{d}z + \sum_{i=1}^{N} W_i = 0 \\ \int u(z)z\mathrm{d}z + \sum_{i=1}^{N} W_iz_i = 0 \end{cases} \tag{3.31}$$

其中，第一个等式为力平衡方程，第二个等式为力偶平衡方程。该方程在 $N=2$ 时存在唯一解 W_1、W_2。因此，平衡随即空间矢量 $u(z)$ 仅需要两个校正量即可，且校正量并没有轴向位置上的要求，这就是刚性转子的动平衡依据。

若 $u(z)$ 在平面 1、2 上的不平衡量为 u_1、u_2，那么校正量 W_1、W_2 需要满足如下条件

$$\begin{cases} W_1 + U_1 = 0 \\ W_2 + U_2 = 0 \end{cases} \tag{3.32}$$

可见，只需在两个校正面上加减相应质量即可平衡刚性转子的任意不平衡量。此外，转子的弯曲变形很小，转子的不平衡分布不会随着转速变化而变化。

3.3.3.2　刚性转子的动平衡方法

由于刚性转子的挠曲变形可以忽略不计，我们可以用刚性力学的方法来处理其平衡问题。常用的平衡方法有无相位测量平衡法、永久标定法、三点平衡法、影响系数平衡法等。现场平衡时一般依据影响系数平衡法，需要同时测量振幅和相位。（注：矢量乘法计算法则为振幅相乘，角度相加；除法法则为振幅相除，角度相减。）

1. 单双面动平衡选择依据

用影响系数法对转子进行动平衡校正时，一般根据转子的宽径比（转子宽度／转子直径）来选择用单面还是双面平衡。单面平衡法一般适用于短小的转子，如常见的带轮、汽轮

机组等,这些仅需要在一个平面内加重即可消除机组振动。相反,双面平衡适用于较长的转子,一般选择转子的左右两端作为校正面,大部分转子不平衡都是采用双面校正法。表 3.1 可以作为选择参考:

表 3.1　单双面动平衡选择依据表

示意图	宽径比	单面动平衡	双面动平衡
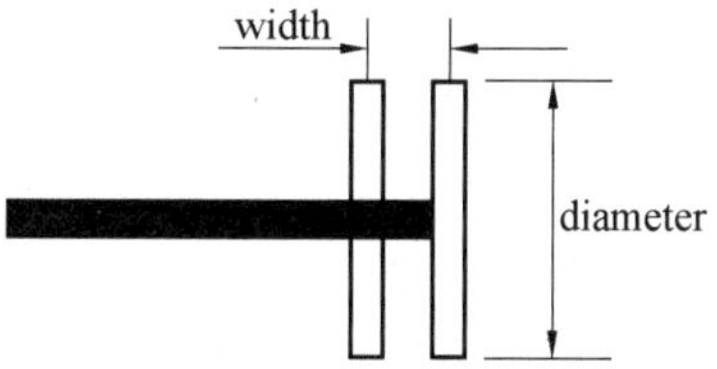 width / diameter	小于 0.5	转速范围:0 ~ 1 000 r/min	转速范围:大于 1 000 r/min
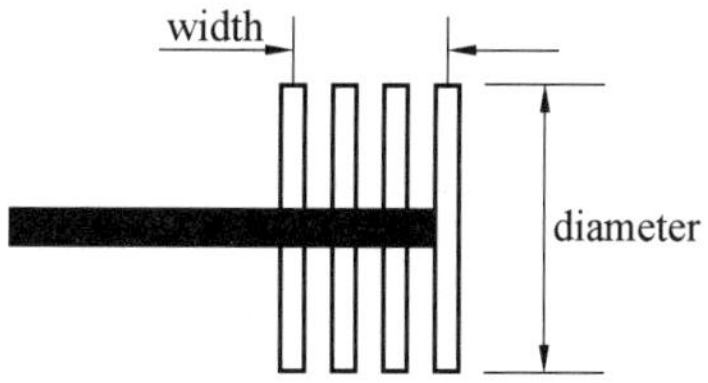 width / diameter	大于等于 0.5 且小于等于 2	转速范围:0 ~ 150 r/min	转速范围:150 ~ 2 000 r/min 或者第一阶临界转速的 70% 以上
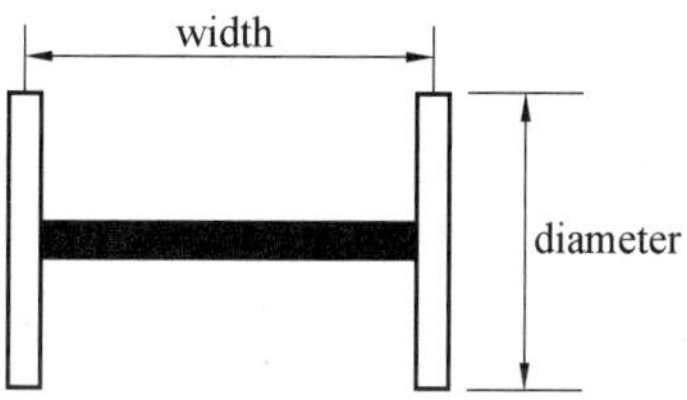 width / diameter	大于 2	转速范围:0 ~ 100 r/min	转速范围:100 r/min 第一阶临界转速的 70%

2. 单面影响系数平衡法

单面影响系数平衡时,只需考虑转子的不平衡力,具体步骤如下:

(1)设转子的初始不平衡力为U_0,相应测点 A 处的影响系数为α。首先使转子运转到平衡转速ω,测出该转速下所选测点 A 点的原始振动响应x_{A0}。

(2)在校正面已知位置上,加试重U_1然后启动转子使其达到平衡转速ω,测得加重后测点 A 的振动响应为x_{A1}。由影响系数的定义可知

$$x_{A0} = \alpha U_0 \tag{3.32}$$

$$x_{A1} = \alpha(U_0 + U_1) \tag{3.33}$$

由(3.32)、(3.33)可以求出影响系数,即

$$\alpha = \frac{x_{A1} - x_{A0}}{U_1} \tag{3.34}$$

(3)计算不平衡量。得到影响系数后,针对试重是否留在转子上的两种情况分别计算不平衡量。当取下试重时,求得的不平衡量是

$$U_0 = \frac{x_{A0}}{\alpha} \tag{3.35}$$

保留试重时,求得的不平衡量是

$$U_0 = \frac{x_{A1}}{\alpha} \qquad (3.36)$$

（4）在校正面的不平衡量所在位置上去掉与不平衡量大小相等的质量块，或者在不平衡量位置相反方向上加上与不平衡量大小相等的质量块。

（5）启动转子至平衡转速，测出残余振动，判断振动是否满足要求，如果剩余不平衡量在所允许的平衡范围内，则平衡工作可以结束，否则重新从第（1）步开始继续平衡。

3. 双面影响系数平衡法

对转子进行双面动平衡校正时，不仅要考虑转子的不平衡力，还要考虑不平衡力偶。刚性转子双面影响系数平衡法的原理和单面影响系数法相同，也是通过加试重获取系统的影响系数矩阵，然后求解不平衡量的大小。转子双面动平衡系统模型如图 3.16 所示：转子由 A、B 两轴承支撑，Ⅰ、Ⅱ 分别是转子的两个校正面，动平衡过程中可以在这两个校正面上加试重和配重。

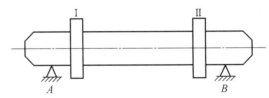

图 3.16　转子双面动平衡系统模型

假设转子在两校正面 Ⅰ、Ⅱ 上的不平衡量分别为 U_{10} 和 U_{20}，α_{11} 表示平面 Ⅰ 的不平衡量对平面 Ⅰ 的影响系数，α_{12} 表示平面 Ⅱ 的不平衡量对平面 Ⅰ 的影响系数，同理定义 α_{21}、α_{22}。双面影响系数平衡法的具体步骤如下：

（1）在试验转速下测得 A、B 两轴承处的振动响应分别为 V_{10}、V_{20} 根据校正面 Ⅰ、Ⅱ 上不平衡量间的相关影响采用叠加原理可得

$$\begin{cases} V_{10} = \alpha_{11}U_{10} + \alpha_{12}U_{20} \\ V_{20} = \alpha_{21}U_{10} + \alpha_{22}U_{20} \end{cases} \qquad (3.37)$$

（2）停机，在校正面 Ⅰ 上的已知角位置上加试重 U_{11}，在相同转速下测得 A、B 两轴承处的振动响应分别为 V_{11}、V_{21} 则有

$$\begin{cases} V_{11} = \alpha_{11}(U_{10} + U_{11}) + \alpha_{12}U_{20} \\ V_{21} = \alpha_{21}(U_{10} + U_{11}) + \alpha_{22}U_{20} \end{cases} \qquad (3.38)$$

（3）停机，针对校正面 Ⅰ 上的试重是否保留分两种情况进行分析，若不保留校正面上的试重时，取下试重 U_{11}，在校正面上 Ⅱ 的已知角位置上加试重 U_{21}，在相同转速下测得 A、B 两轴承处的振动响应分别为 V_{12}、V_{22}，则有

$$\begin{cases} V_{12} = \alpha_{11}U_{10} + \alpha_{12}(U_{20} + U_{21}) \\ V_{22} = \alpha_{21}U_{10} + \alpha_{22}(U_{20} + U_{21}) \end{cases} \qquad (3.39)$$

若保留校正面上的试重，则有

$$\begin{cases} V_{12} = \alpha_{11}(U_{10} + U_{11}) + \alpha_{12}(U_{20} + U_{21}) \\ V_{22} = \alpha_{21}(U_{10} + U_{11}) + \alpha_{22}(U_{20} + U_{21}) \end{cases} \qquad (3.40)$$

（4）计算四个影响系数的值。当不保留校正面 Ⅰ 上的试重时，求得影响系数的结果如下：

$$\begin{cases} \boldsymbol{\alpha}_{11} = \dfrac{\boldsymbol{V}_{11} - \boldsymbol{V}_{10}}{\boldsymbol{U}_{11}} \\[2mm] \boldsymbol{\alpha}_{21} = \dfrac{\boldsymbol{V}_{21} - \boldsymbol{V}_{20}}{\boldsymbol{U}_{11}} \\[2mm] \boldsymbol{\alpha}_{12} = \dfrac{\boldsymbol{V}_{12} - \boldsymbol{V}_{10}}{\boldsymbol{U}_{21}} \\[2mm] \boldsymbol{\alpha}_{22} = \dfrac{\boldsymbol{V}_{22} - \boldsymbol{V}_{20}}{\boldsymbol{U}_{21}} \end{cases} \tag{3.41}$$

保留试重时,求得影响系数如下:

$$\begin{cases} \boldsymbol{\alpha}_{11} = \dfrac{\boldsymbol{V}_{11} - \boldsymbol{V}_{10}}{\boldsymbol{U}_{11}} \\[2mm] \boldsymbol{\alpha}_{21} = \dfrac{\boldsymbol{V}_{21} - \boldsymbol{V}_{20}}{\boldsymbol{U}_{11}} \\[2mm] \boldsymbol{\alpha}_{12} = \dfrac{\boldsymbol{V}_{12} - \boldsymbol{V}_{11}}{\boldsymbol{U}_{21}} \\[2mm] \boldsymbol{\alpha}_{22} = \dfrac{\boldsymbol{V}_{22} - \boldsymbol{V}_{21}}{\boldsymbol{U}_{21}} \end{cases} \tag{3.42}$$

(5) 根据影响系数的值求解不平衡量和校正配重。当校正面 Ⅰ 上的试重取下时,计算得到转子的不平衡量为

$$\begin{cases} \boldsymbol{U}_{10} = \dfrac{\boldsymbol{V}_{12} \times \boldsymbol{\alpha}_{22} - \boldsymbol{V}_{22} \times \boldsymbol{\alpha}_{12}}{\boldsymbol{\alpha}_{11} \times \boldsymbol{\alpha}_{22} - \boldsymbol{\alpha}_{12} \times \boldsymbol{\alpha}_{21}} \\[3mm] \boldsymbol{U}_{20} = \dfrac{\boldsymbol{V}_{22} \times \boldsymbol{\alpha}_{11} - \boldsymbol{V}_{12} \times \boldsymbol{\alpha}_{21}}{\boldsymbol{\alpha}_{11} \times \boldsymbol{\alpha}_{22} - \boldsymbol{\alpha}_{12} \times \boldsymbol{\alpha}_{21}} - \boldsymbol{U}_{21} \end{cases} \tag{3.43}$$

当校正面 Ⅰ 上的试重保留时,计算得到转子的不平衡量为

$$\begin{cases} \boldsymbol{U}_{10} = \dfrac{\boldsymbol{V}_{12} \times \boldsymbol{\alpha}_{22} - \boldsymbol{V}_{22} \times \boldsymbol{\alpha}_{12}}{\boldsymbol{\alpha}_{11} \times \boldsymbol{\alpha}_{22} - \boldsymbol{\alpha}_{12} \times \boldsymbol{\alpha}_{21}} - \boldsymbol{U}_{11} \\[3mm] \boldsymbol{U}_{20} = \dfrac{\boldsymbol{V}_{22} \times \boldsymbol{\alpha}_{11} - \boldsymbol{V}_{12} \times \boldsymbol{\alpha}_{21}}{\boldsymbol{\alpha}_{11} \times \boldsymbol{\alpha}_{22} - \boldsymbol{\alpha}_{12} \times \boldsymbol{\alpha}_{21}} - \boldsymbol{U}_{21} \end{cases} \tag{3.44}$$

当校正面 Ⅱ 上的试重保留时,计算得到加在转子上的校正配重量为

$$\begin{cases} \boldsymbol{U}_{1S} = \dfrac{\boldsymbol{V}_{22} \times \boldsymbol{\alpha}_{12} - \boldsymbol{V}_{12} \times \boldsymbol{\alpha}_{22}}{\boldsymbol{\alpha}_{11} \times \boldsymbol{\alpha}_{22} - \boldsymbol{\alpha}_{12} \times \boldsymbol{\alpha}_{21}} \\[3mm] \boldsymbol{U}_{2S} = \dfrac{\boldsymbol{V}_{12} \times \boldsymbol{\alpha}_{21} - \boldsymbol{V}_{22} \times \boldsymbol{\alpha}_{11}}{\boldsymbol{\alpha}_{11} \times \boldsymbol{\alpha}_{22} - \boldsymbol{\alpha}_{12} \times \boldsymbol{\alpha}_{21}} \end{cases} \tag{3.45}$$

当校正面 Ⅱ 上的试重不保留时,计算得到加在转子上的校正配重量为

$$\begin{cases} \boldsymbol{U}_{1S} = \dfrac{\boldsymbol{V}_{22} \times \boldsymbol{\alpha}_{12} - \boldsymbol{V}_{12} \times \boldsymbol{\alpha}_{22}}{\boldsymbol{\alpha}_{11} \times \boldsymbol{\alpha}_{22} - \boldsymbol{\alpha}_{12} \times \boldsymbol{\alpha}_{21}} \\[3mm] \boldsymbol{U}_{2S} = \dfrac{\boldsymbol{V}_{12} \times \boldsymbol{\alpha}_{21} - \boldsymbol{V}_{22} \times \boldsymbol{\alpha}_{11}}{\boldsymbol{\alpha}_{11} \times \boldsymbol{\alpha}_{22} - \boldsymbol{\alpha}_{12} \times \boldsymbol{\alpha}_{21}} + \boldsymbol{U}_{21} \end{cases} \tag{3.46}$$

式中　$\boldsymbol{U}_{1S}$、$\boldsymbol{U}_{2S}$——加在转子面 Ⅰ、面 Ⅱ 上的校正配重量。

图 3.17 为双面影响系数法的矢量计算图。

(6) 在面 Ⅰ、面 Ⅱ 上不平衡量所在位置上去掉与不平衡量大小相等的质量块,或者在不平衡量位置相反方向上加上与不平衡量大小相等的质量块。

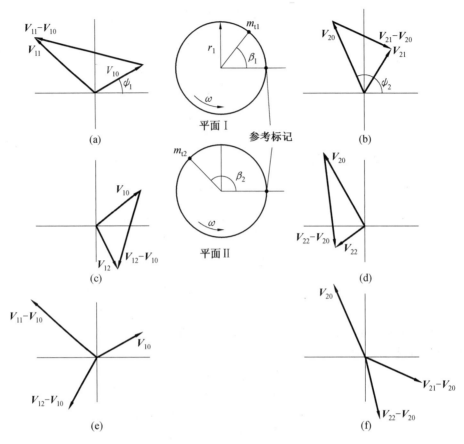

图 3.17　矢量图

（7）启动转子至试验转速，测出残余振动，判断振动是否满足要求。如果剩余不平衡量在所允许的平衡范围内，则平衡工作可以结束，否则重新从第（1）步开始继续平衡。

3.3.4　实验仪器设备

① 动平衡实验台。

② 电涡流传感器。

③ 转速传感器。

④ 转子台控制器。

⑤ 数据采集仪。

⑥ 电子天平。

⑦ 计算机。

⑧ 配重。

3.3.5　实验内容和步骤

3.3.5.1　利用单面影响系数法对单盘转子进行动平衡实验

1. 实验内容

利用单面影响系数法对单盘转子（实验装置示意图如图 3.18 所示，检相信号示意图如

图 3.19 所示）进行动平衡。要求不平衡量降低 75% 以上。实验后需给出原始不平衡量和平衡后的结果对比图。

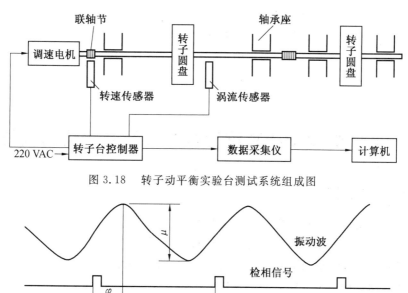

图 3.18　转子动平衡实验台测试系统组成图

图 3.19　转子不平衡量的振动响应和检相信号示意图

2.实验步骤

（1）将转子实验台的转速调到规定转速 n，测取原始不平衡量的响应，双振幅值 μ_0 和相位角 φ_0；

（2）参考原始不平衡量响应振动矢量的大小和方向，结合实验台的具体情况，确定试重的大小和安装位置；

（3）将试重装在转子的相应位置上；

（4）将转子实验台的转速调到规定转速 n，测取原始不平衡量的响应，双振幅值 μ_1 和相位角 φ_1；

（5）根据单面影响系数法的基本原理，计算出平衡质量的大小和方向。（是否去掉试重）

（6）将平衡质量装在转子的相应位置上；

（7）将转子实验台的转速调到规定转速 n，测取原始不平衡量的响应，双振幅值 μ_2 和相位角 φ_2；

（8）计算 μ_2 是否达到平衡要求，达到则可结束实验。否则，继续进行平衡。

3.3.6　数据处理

① 对实验原始数据进行整理。

② 对实验方法和实验结果进行分析、讨论。

3.3.7　思考题

① 什么是静平衡？什么是动平衡？

② 什么是刚性转子?

③ 刚性转子动平衡的基本方法有哪些?

④ 简要说明单面影响系数法的基本原理。

⑤ 简要说明双面影响系数法的基本原理。

⑥ 不平衡矢量的相位是如何测定的,其测试精度和什么有关?

⑦ 在工程实际中,如何快速进行动平衡?

⑧ 那些因素会对平衡结果产生影响?

3.4　单自由度振动系统固有频率及阻尼比的测量实验

3.4.1　实验目的

① 了解单自由度自由衰减振动的有关概念。

② 测量单自由度振动系统的固有频率和阻尼比。

③ 比较附加额外阻尼对单自由度系统衰减振动特性的影响。

④ 掌握常用振动测试分析仪器的使用方法。

3.4.2　实验原理

实验系统布置图如图 3.20 所示。简支梁和集中质量近似地构成一个单自由度振动系统,它的振动由加速度传感器测量,经动态数采分析仪采集处理后,送往计算机,由分析软件处理,将振动波形显示在屏幕上。

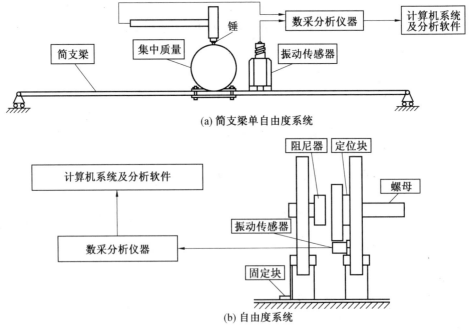

(a) 简支梁单自由度系统

(b) 自由度系统

图 3.20　实验系统示意图

单自由度系统自由振动的运动方程为

$$x = A\mathrm{e}^{-\zeta\omega_n t}\sin(\omega_d t + \theta) \tag{3.47}$$

图 3.21 是按上式作出的单自由度系统衰减振动的位移曲线。由此可以定义振幅的对数减缩(或对数衰减率):

$$\delta = \frac{1}{N}\ln\frac{x_i}{x_{i+N}} = \zeta\omega_n T_d \tag{3.48}$$

式中,x_i 和 x_{i+N} 是图 3.21 曲线的同一方向的第 i 个和第 $i+N$ 个峰值,衰减振动的周期为

$$T_d = \frac{2\pi}{\omega_n\sqrt{1-\zeta^2}} \tag{3.49}$$

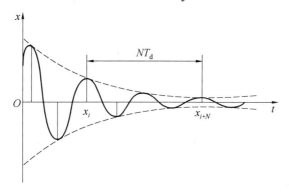

图 3.21　衰减振动的曲线

由上述两式得

$$\delta = \frac{2\pi\zeta}{\sqrt{1-\zeta^2}} \tag{3.50}$$

可得到阻尼比 $\zeta = \dfrac{\delta}{\sqrt{4\pi^2 + \delta^2}}$;一般情况下,如果 $\zeta \ll 1$,则 $\zeta = \dfrac{\delta}{2\pi}$。

3.4.3　实验仪器设备

① 简支梁、单自由度系统。
② 位移传感器、速度传感器、加速度传感器。
③ 动态数据采集系统。
④ 计算机。

3.4.4　实验步骤

① 按实验装置图接好线路并接通仪器的电源。
② 设定仪器的参数,包括测量模式、单位、量程、灵敏度系数等。
③ 操作计算机,调出动态分析程序,设定好采样频率和采样线数,平均方式,幅值范围等参数。
④ 测试衰减振动。给单自由度系统一个瞬态激励,对振动衰减信号进行采样。根据记录下来的振动衰减时域信号,求出单自由度系统的固有周期 T_d,对数衰减率 δ 和阻尼比 ζ。
⑤ 实验完毕后切断电源,输入输出电缆和仪器放回原位,并把设备整理回原样。

3.4.5 数据处理

① 测量并记录图所示系统自由振动的波形和功率谱；
② 从自由振动的波形求出固有频率与阻尼比；
③ 从功率谱上读出固有频率；
④ 将上面两种方法得到的固有频率进行对比。

3.4.7 思考题

① 本次固有频率的实验值与固有频率的理论值相比，有何异同，试分析。
② 对实验中观测到的曲线和数据进行分析讨论。

3.5　振动法测量流体密度

3.5.1 实验目的

① 熟悉振动传感器及其测试分析仪器的使用方法。
② 掌握测量流体密度的振动力学原理与方法。
③ 测量自来水和不同密度盐水的密度。

3.5.2 实验原理

实验装置如图 3.22 所示。测量管可看作欧拉—伯努利梁，横向振动固有频率的平方 f^2 为

$$f^2 = \frac{(k_i l)^4}{4\pi^2 l^4} \times \frac{EI}{\rho A} = \frac{(k_i l)^4}{4\pi^2 l^3} \times \frac{EI}{\rho Al} = \frac{(k_i l)^4}{4\pi^2 l^3} \times \frac{EI}{m} \tag{3.51}$$

式中　　E——梁的纵向弹性模量；

I——截面惯性矩；

A——横截面积；

ρ——梁的材料密度；

l——梁的长度；

m——梁的质量；

$k_i l$——取决于梁边界条件的常数。

如果假设 $k = \dfrac{(k_i l)^4}{4\pi^2 l^3}$，公式（3.51）就变成

$$f^2 = k \times \frac{EI}{\rho Al} = k \times \frac{EI}{m} \tag{3.52}$$

式中　　k——取决于梁的长度和边界条件的参数。

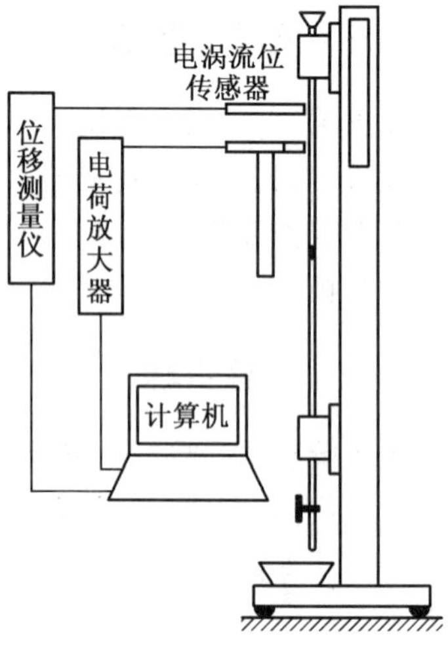

在管内装满已知密度为 ρ_0 的液体，其质量为 $m_0 = \rho_0 A'l$（A' 为管腔的横截面积）。可以认为液体不会改变梁的刚度，则装满已知密度液

图 3.22　振动法测量流体密度实验装置

体时管子振动的固有频率 f_0 应满足：

$$f_0^2 = k \frac{EI}{m + m_0} \tag{3.53}$$

由上述各式得

$$\frac{\rho_0 A' l}{kEI} = \frac{1}{f_0^2} - \frac{1}{f^2} \tag{3.54}$$

同理，装满被测液体（密度为 ρ_1）时管子振动的固有频率 f_1 应满足：

$$\frac{\rho_1 A' l}{kEI} = \frac{1}{f_1^2} - \frac{1}{f^2} \tag{3.55}$$

由此两式得

$$\frac{\rho_1}{\rho_0} = \frac{\dfrac{f^2}{f_1^2} - 1}{\dfrac{f^2}{f_0^2} - 1} \tag{3.56}$$

所以，只要我们依次测出空管振动的固有频率 f、装满已知密度液体时管子振动的固有频率 f_0 以及装满被测液体时管子振动的固有频率 f_1，就可以由公式（3.56）算出流体密度 ρ_1 与已知密度液体的密度 ρ_0 之间的比值，即被测液体对已知密度液体的相对密度。如果知道已知液体的密度 ρ_0 的准确值，就可以求出被测液体密度 ρ_1 的准确值。

3.5.3　实验仪器设备

① 铝管。
② 电涡流传感器。
③ 位移测量仪。
④ 力锤。
⑤ 计算机。
⑥ 动态数据采集系统。

3.5.4　实验步骤

（1）按实验装置图接好线路并接通仪器的电源。
① 将电涡流传感器固定在被测点上方，然后再把电涡传感器通过电缆线与位移测量仪输入端相连。
② 将位移测量仪输出端用输出电缆线与接线板相连。
③ 用数据线把动态数据采集系统与接线板连接起来。
（2）设定仪器的参数。调整位移测量仪灵敏度系数，测量模式和量程。
（3）接通电源。
（4）操作计算机，调出动态分析程序，设定好采样频率、采样线数、平均方式和幅值范围等参数。
（5）衰减振动一。敲击空管，使它发生自由振动，位移振动信号由电涡流传感器测量，经位移测量仪、动态数据采集系统处理后送给计算机，得到振动信号的功率谱，读出测量管自由振动的固有频率。根据记录下来的位移衰减振动信号功率谱，求出空管的周期 T，频率 f。

（6）衰减振动二。敲击装满已知密度液体的管，对位移信号进行采样。根据记录下来的位移衰减振动信号功率谱，求出此时管的周期 T_0，频率 f_0。

（7）衰减振动三。敲击装满未知密度液体的管，对位移信号进行采样。根据记录下来的位移衰减振动信号功率谱，求出此时管的周期 T_1，频率 f_1。

（8）实验完毕后切断电源，输入输出电缆和力锤放回原位，并把设备整理回原样。

3.5.5　数据处理

通过对装满不同密度液体状态下管衰减振动的测量，从功率谱中得到不同状态下管固有频率、功率谱曲线并测得相关数据。最后，计算已知密度液体和未知密度液体的密度比。

3.5.6　思考题

① 在工程环境中，相对密度测量方法给我们哪些启示？
② 该测试方法的测试精度与哪些因素有关？

3.6　振动法测定压杆临界载荷

3.6.1　实验目的

① 测量细长杆件在不同拉、压载荷作用下的固有频率。
② 掌握常用振动测量仪器的使用方法。
③ 用不同的方法测量受压细长杆件的临界载荷。
④ 讨论不同杆端约束条件对临界载荷的影响。
⑤ 计算临界载荷，并与欧拉公式的计算结果进行比较，分析产生误差的原因。

3.6.2　实验原理

细长杆做垂直轴线方向的振动时，其主要变形形式是弯曲变形，通常称为横向振动或弯曲振动，简称梁的振动。如果梁是直梁，而且具有对称面，振动中梁的轴线始终在对称面内。忽略剪切变形和截面绕中心轴转动的影响的梁——欧拉梁，它做横向振动时的偏微分方程为

$$\frac{\partial^2}{\partial x^2}\left[EI(x)\frac{\partial^2 y(x,t)}{\partial x^2}\right]+\rho A(x)\frac{\partial^2 y(x,t)}{\partial t^2}=q(x,t) \tag{3.57}$$

式中　　$EI(x)$——弯曲刚度（E 为纵向弹性模量，$I(x)$ 为截面惯性矩）；

　　　　$\rho(x)$——密度；

　　　　$A(x)$——截面积；

　　　　$q(x,t)$——分布干扰力；

　　　　$y(x,t)$——挠度。

若梁为均质、等截面时，截面积 $A(x)$、弯曲刚度 $EI(x)$、密度 $\rho(x)$ 均为与 x 无关的常量，因此，式（3.57）可写成

$$EI\frac{\partial^4 y(x,t)}{\partial x^4}+\rho A\frac{\partial^2 y(x,t)}{\partial t^2}=q(x,t) \tag{3.58}$$

如果梁在两端轴向力 T_0 的作用下自由振动,其振动的偏微分方程为

$$\frac{\partial^2}{\partial x^2}\left[EI\,\frac{\partial^2 y(x,t)}{\partial x^2}\right]-T_0\,\frac{\partial^2 y(x,t)}{\partial x^2}+\rho A\,\frac{\partial^2 y(x,t)}{\partial t^2}=0 \tag{3.59}$$

对于等截面梁,设

$$y(x,t)=Y(x)\sin(\omega_n t+\varphi) \tag{3.60}$$

可得

$$\frac{\mathrm{d}^4 Y(x)}{\mathrm{d}x^4}-a^2\,\frac{\mathrm{d}^2 Y(x)}{\mathrm{d}x^2}-k^4 Y(x)=0 \tag{3.61}$$

其中

$$a=\sqrt{\frac{T_0}{EI}}\,,\quad k^4=\omega_n^2\,\frac{\rho A}{EI} \tag{3.62}$$

振型函数

$$Y(x)=C_1\cos(\lambda_1 x)+C_2\sin(\lambda_1 x)+C_3\operatorname{ch}(\lambda_2 x)+C_4\operatorname{sh}(\lambda_2 x) \tag{3.63}$$

其中

$$\lambda_1=\sqrt{-\frac{a^2}{2}+\sqrt{\frac{a^4}{4}+k^4}}\,,\quad \lambda_2=\sqrt{\frac{a^2}{2}+\sqrt{\frac{a^4}{4}+k^4}} \tag{3.64}$$

式中　C_1,C_2,C_3,C_4——与边界条件有关的积分常数。

若 T_0 为轴向拉力,求得频率为

$$\omega_{ni}=\frac{(\lambda_i l)^2}{l^2}\sqrt{\frac{EI}{\rho A}}\sqrt{1+\frac{T_0 l^2}{(\lambda_i l)^2 EI}} \tag{3.65}$$

此时相当于增加了梁的刚度。

若 T_0 为轴向压力,则

$$\omega_{ni}=\frac{(\lambda_i l)^2}{l^2}\sqrt{\frac{EI}{\rho A}}\sqrt{1-\frac{T_0 l^2}{(\lambda_i l)^2 EI}} \tag{3.66}$$

此时相当于减少了梁的刚度。

若 $\dfrac{T_0 l^2}{(\lambda_i l)^2 EI}\approx 1$,就是梁在轴向力作用下失稳的条件。

$$\omega_1=2\pi f_1 \tag{3.67}$$

设

$$\sqrt{a}=\frac{(\lambda_i l)^2}{2\pi l^2}\sqrt{\frac{EI}{\rho A}}\,,\quad b=\frac{l^2}{(\lambda_i l)^2 EI} \tag{3.68}$$

则

$$f_1^2=a-ab T_0 \tag{3.69}$$

因为 a,b 为常数,可知第一阶固有频率的平方与轴向压力呈线性关系。

设 $B_1=a,B_2=ab,F=T_0$ 则公式(3.69)变为

$$f_1^2=B_1-B_2 F \tag{3.70}$$

如图 3.23 所示,当用振动方法测量压杆临界载荷的时候,轴向压力 $\boldsymbol{F}$ 需逐步增加。每次加载后,轻击试样,使杆件自由振动。振动信号的测量也像挠度信号一样,并由动态数据采集系统输入计算机,通过动态分析处理软件分析处理,求出杆件的固有频率 f_1,这样可以得到一系列的点 (F,f_1^2)。可以证明:杆件固有频率的平方 f_1^2 与轴向压力 F 之间呈直线关系 $f_1^2=B_1-B_2 F$,式中常数 B_1,B_2 取决于杆件的形状尺寸、材质、和边界条件。测得多点实

验数据后,将测到的这些点用最小二乘法进行直线拟合就得到公式(3.70)B_1 和 B_2 的值,令 $f_1 = 0$,求得压杆的临界载荷 F_{cr}。

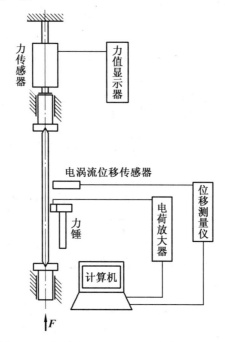

图 3.23　振动法测量压杆临界载荷原理图

3.6.3　实验仪器设备

① 压杆稳定实验台。
② 电涡流位移传感器。
③ 位移测量仪。
④ 力锤。
⑤ 动态采集系统。
⑥ 计算机。

3.6.4　实验步骤

(1) 按实验装置图接好线路并接通仪器的电源。
① 将电涡流传感器固定在被测点,然后再把电涡传感器通过电缆线与位移测量仪输入端相连。
② 将位移测量仪输出端用输出电缆线与动态分析仪相连。
③ 用 USB 数据线把计算机与动态采集系统连接起来。
(2) 设定仪器的参数。调整位移测量仪灵敏度系数,测量模式和量程。
(3) 接通电源。依次接通计算机、位移测量仪、力测量仪、动态采集系统的电源。
(4) 试样工作状态调整为轴向拉伸状态。操作计算机,调出动态分析仪程序,设定好采样频率和采样线数、平均方式、幅值范围等参数。
(5) 衰减振动。给细长杆件一个初始激励,对位移衰减信号进行采样。根据记录下来的位移衰减振动时域信号,求出细长杆件的第一阶固有周期 T,第一阶固有频率 f。

（6）试样工作状态调整为轴向压缩状态。重复步骤（5）衰减振动。根据记录下来的位移衰减振动时域信号,求出细长杆件的第一阶固有周期 T,第一阶固有频率 f。

（7）实验完毕后切断电源,输入输出电缆和仪器放回原位,并把设备整理回原样。

3.6.5　数据处理

① 实验得出并记录文中所述两个实验曲线和结果,进行对比、讨论。

② 对振动实验数据,自己编程序用最小二乘法做直线拟合,求出临界载荷并与欧拉公式的结果进行比较。

3.6.6　思考题

① 工程中提高杆件临界力的措施有哪些?

② 试分析哪些因素可能造成此实验误差?

③ 在此实验装置上,还可以用什么方法测量压杆的临界载荷。

第4章   材料力学性能实验

4.1   金属材料的拉伸和压缩实验

4.1.1   金属材料的拉伸实验

拉伸实验是材料力学实验中最重要的实验之一。任何一种材料受力后都要产生变形，变形到一定程度就可能发生断裂破坏。材料在受力 — 变形 — 断裂的这一破坏过程中，不仅有一定的变形能力，而且对变形和断裂有一定的抵抗能力，这些能力称为材料的力学机械性能（也称为材料的力学性能）。通过拉伸实验，可以确定材料的许多重要而又最基本的力学性能，如：弹性模量 E、上屈服强度 R_{eH} 和下屈服强度 R_{eL}、抗拉强度 R_m、断后伸长率 A、断面收缩率 Z。此外，通过拉伸实验的结果，往往还可以大致判定某种材料的其他力学性能，如硬度等。

4.1.1.1   实验目的

① 测定低碳钢、铸铁在拉伸过程中的力学性能。
② 观察拉伸时所表现的各种现象。
③ 对低碳钢与铸铁的力学性能进行比较，分析塑性材料和脆性材料的区别。
④ 观察断口形貌，分析引起破坏的原因。
⑤ 了解电子万能材料试验机的工作原理。

4.1.1.2   实验原理

本实验是以《金属材料拉伸试验 第一部分：室温试验方法》（GB/T 228.1—2010）为依据，在常温条件下，通过试验机对试样加载直至把试样拉断为止，根据试验机绘出的拉伸曲线及试样拉断前后的尺寸，来确定金属材料的力学性能。

在实验中必须注意，在没有变形（拉伸时可称为伸长，参见下面的说明）测量的专用设备的情况下，试验机绘出的力 — 伸长关系曲线中的伸长量是试验机的横梁位移，它不仅包括试样标距部分的延伸（伸长），还包括试验机相关部件的弹性变形以及试样夹持部位在夹头内的滑动位移。另外，因试样开始受力时，夹持部位有较大滑动，故最初绘出的是一段曲线，如图 4.1(a) 所示。在试验机上使用引伸计等仪器测量延伸，可以消除这些影响。为了消除试样尺寸的影响，采用国标给定的试样尺寸，并绘出应力 — 延伸率曲线（$R-e$ 曲线），如图4.1(b) 所示。

为了介绍方便，将《金属材料拉伸试验 第一部分：室温试验方法》（GB/T 228.1—2010）中确定的一些术语和定义介绍如下。

原始标距 L_0 —— 室温下施力前的试样标距。

引伸计标距 L_e—— 用引伸计测量试样延伸时所使用引伸计起始标距长度。

断后标距 L_u—— 在室温下将断后的两部分试样紧密地对接在一起,保证两部分的轴线位于同一条直线上,测量试样断裂后的标距。

平行长度 —— 试样平行缩减部分的长度。

应力 R—— 试验期间任一时刻的力除以试样原始横截面积 S_0 之商。

伸长 —— 试验期间任一时刻原始标距 L_0 的增量。

延伸 —— 试验期间任一时刻的引伸计标距 L_e 的增量。

伸长率 —— 原始标距的伸长与原始标距 L_0 之比的百分率。

延伸率 e—— 用引伸计标距 L_e 表示的延伸百分率。

屈服强度 —— 当金属材料呈现屈服现象时,在试验期间达到塑性变形发生而力不增加的应力点。应区分上屈服强度和下屈服强度。

断裂 —— 当试样发生完全分离时的现象。

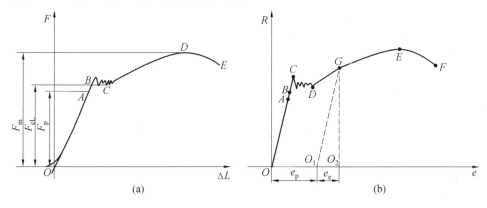

图 4.1　低碳钢的拉伸曲线

1.低碳钢

从应力－延伸率曲线上可以看到低碳钢在拉伸过程中的变形大致可以分为 4 个阶段:

(1) 弹性变形阶段(图 4.1(b) 中 OB 段)

在此阶段的任何一点,若卸掉载荷,则加载时产生的变形(延伸)将全部消失,说明这个阶段内试样只产生弹性变形,故 OB 段称为弹性阶段。初始段 OA 为直线,表明应力与应变(延伸率)成正比关系,即在这一直线段内材料服从胡克定律。A 点处的应力 R_p 称为比例极限,是满足胡克定律成立的最大应力值;B 点对应的应力 R_e 是材料产生弹性变形时的最大应力,称为弹性极限。它与比例极限数值非常接近,试验中也很难区分开,所以工程中对弹性极限和比例极限并不加以严格区分,一般认为 $R_p \approx R_e$。即使这样,这两个值在实验中也是很难确定的。

(2) 屈服阶段(图 4.1(b) 中 BD 段)

应力超过弹性极限之后,试样除产生弹性变形(延伸)外,还产生塑性变形(延伸)。在 $R-e$ 曲线上 BD 段呈水平锯齿形状,说明这一阶段的应力虽有波动,但几乎没有增加,而延伸率却显著增加。这种现象称为屈服或流动,故 BD 段称为屈服阶段。当金属材料呈现屈服现象时,应区分上屈服强度 R_{eH} 和下屈服强度 R_{eL}。根据《金属材料拉伸试验 第一部分:室温试验方法》(GB/T 228.1—2010) 的规定,R_{eH} 为试样发生屈服而力首次下降前的最大应力，R_{eL} 为在屈服期间，不计初始瞬时效应时的最小应力，如图 4.2 所示。

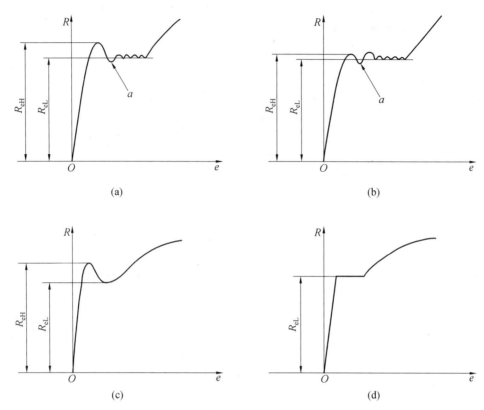

图 4.2　不同类型曲线的上屈服强度和下屈服强度

e— 延伸率；R— 应力；R_{eH}— 上屈服强度；R_{eL}— 下屈服强度；a— 初始瞬时效应

如果试样表面比较光滑，此时可以看到试样表面有与轴线约成 45° 倾角的条纹 —— 滑移线。这是由于沿着条纹方向产生最大切应力而使材料晶粒之间发生相对滑移所致。晶粒之间的相对滑移是发生塑性变形的根本原因。

注意：很多金属材料拉伸过程中没有明显的屈服过程，不能确定屈服极限。此时根据《金属材料拉伸试验 第一部分：室温试验方法》(GB/T 228.1—2010) 只能确定规定塑性延伸强度 R_p（图 4.3 所示）。如国标中定义的 $R_{p0.2}$ 表示规定塑性延伸率为 0.2% 时的应力，以前称之为名义屈服强度。

（3）均匀塑性变形（延伸）阶段（图 4.1(b) 中 DE 段）

当屈服达到一定程度之后，材料的内部结构经过调整变化又恢复了抵抗变形的能力，要使它继续变形，就必须增加载荷，这时 $R-e$ 曲

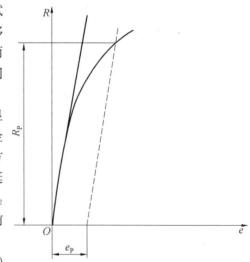

图 4.3　规定塑性延伸强度

线将开始上升,故 DE 段称为均匀塑性延伸(变形)阶段(强化阶段)。此时应力增加较慢而延伸率较大。最高点 E 所对应的应力 R_m 称为材料的抗拉强度。

实验表明,如果在这一阶段的某一点处(如 G 点)进行卸载至零,则可以得到一条与 R—e 曲线中弹性阶段的直线部分基本平行的直线 GO_1。此阶段试样的变形(延伸)包括了弹性变形(延伸)和塑性变形(延伸)两部分:图 4.1(b) 中 O_1O_2 所代表的弹性延伸率 e_e,卸载后会恢复;OO_1 所代表的塑性延伸率 e_p 则残留下来。若立即重新加载,则应力延伸率曲线沿 O_1G 发展,上升到点 G,以后曲线基本上与未经卸载的曲线重合。这种不经热处理,只是冷拉到强化阶段的某一应力值后就卸载,以此提高材料弹性极限的方法称为冷作硬化。但应指出,冷作硬化虽提高了强度指标,但减少了塑性应变(延伸),即降低了塑性。

(4) 局部塑性变形(延伸)阶段(图 4.1(b) 中 EF 段)

过 E 点后,在试样的某一局部范围内,横向尺寸突然急剧缩小,出现颈缩现象,此阶段称为局部塑性变形(延伸)阶段(颈缩阶段)。试样继续变形所需的拉力相应减小,R—e 曲线是下降趋势,达到 F 点时,试样被拉断。

试样拉断后,弹性变形(延伸)消失,塑性变形(延伸)保留。试样原始标距 L_0 变为断后标距 L_u。断后标距的残余伸长 $\Delta L = L_u - L_0$ 与标距 L_0 的比值称为材料断后伸长率 A,这是衡量材料塑性的指标,《金属材料拉伸试验 第一部分:室温试验方法》(GB/T 228.1—2010)

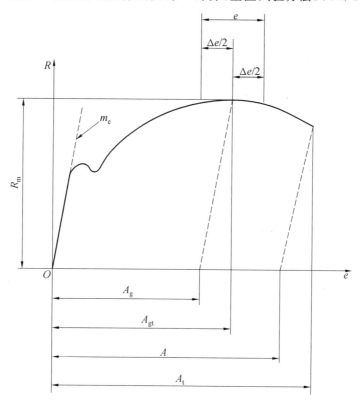

图 4.4　延伸的定义

A— 断后伸长率;A_g— 最大力塑性延伸率;A_{gt}— 最大力总延伸率;A_t— 断裂总延伸率;e—— 延伸率;
m_e— 应力延伸率曲线上弹性部分的斜率;R— 应力;R_m— 抗拉强度;Δe— 平台范围(测定 A_g,A_{gt})

中,关于延伸的定义如图4.4所示。

试样拉断后,测出其颈缩部最小截面积 S_u,它与试样原始截面积 S_0 之差 $(S_0 - S_u)$ 表示断裂后试样横截面的最大缩减量,其与原始截面积 S_0 之比称为材料断面收缩率 Z,它也是衡量材料塑性的一个指标。

2.铸铁

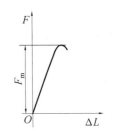

图4.5是铸铁拉伸时的拉伸曲线,它的延伸率约为0.4%,在较小的拉应力下就被拉断,拉断后总的变形很小。它没有屈服极限和颈缩现象。因此,铸铁是典型的脆性材料。

由于铸铁拉伸曲线没有明显的直线部分,弹性模量 E 的数值随应力的大小而变化。为简化计算,可近似地认为变形服从胡克定律。通常用拉伸曲线的割线代替曲线的开始部分,并以割线的斜率作为弹性模量,称为割线弹性模量。铸铁

图4.5　铸铁的拉伸曲线图

的弹性模量为 $115 \sim 160$ GPa。铸铁拉断前的最大应力 R_m 为其抗拉强度,其值为 $120 \sim 150$ MPa。因为没有屈服现象,抗拉强度 R_m 是衡量强度的唯一指标。铸铁等脆性材料抗拉强度很低,所以不宜作为受拉构件的材料。

铸铁拉伸试样的断口形状如图4.6(a)所示,断口上晶粒清晰,断面粗糙。这种断裂是由于分子间的内聚力抵抗不住拉应力,因分子间相互分离所致。这种断裂称为脆性断裂。塑性材料的试样拉断之前要发生显著的塑性变形,断口的形状是"杯锥状",如图4.6(b)所示。这种断裂称为剪切断裂。

(a)铸铁试样断口图　　　　　　　　　　　(b)钢试样断口图

图4.6　试样断口

4.1.1.3　实验仪器设备和试样

① 电子万能材料试验机。

② 游标卡尺。

③ 记号笔。

④ 低碳钢、铸铁拉伸试样一套。

4.1.1.4　试样的准备

试样的形式和尺寸对实验的结果有很大影响,即使同一材料由于试样的计算长度不同,其延伸率变动的范围也很大。例如:

对 $45^{\#}$ 钢:当 $L_0 = 10d_0$ 时,延伸率 $A_{10} = 24\% \sim 29\%$;当 $L_0 = 5d_0$ 时,$A_5 = 23\% \sim 25\%$。

为了能够准确比较材料的性质,按《金属材料拉伸试验 第一部分:室温试验方法》(GB/T 228.1—2010) 的要求,拉伸试样如图4.7所示,一般采用下面两种形式。

1.10 倍试样

圆形截面时,$L_0 = 10d_0$;矩形截面时,$L_0 = 11.3\sqrt{S_0}$。

2.5 倍试样

圆形截面时,$L_0 = 5d_0$;矩形截面时,$L_0 = 5.65\sqrt{S_0}$。

d_0——试验前试样平行长度部分的直径；

S_0——试验前试样平行长度部分断面面积。

此外,试样要求一定的表面粗糙度。粗糙度对屈服点有影响。因此,试样表面不应有刻痕、切口、翘曲及淬火裂纹痕迹等。

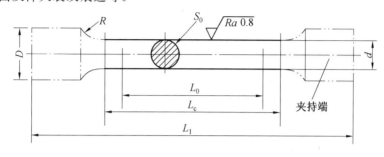

图 4.7　拉伸试样参考图

4.1.1.5　实验步骤

1. 测量试样尺寸

试验前在试样平行长度部分的两端及中部选择 3 个截面,在每个截面相互垂直的方向上,用游标卡尺分别各测一次直径,取其 3 点平均值的平均值作为试样直径 d_0。当低碳钢试样拉断后,用游标卡尺在颈缩段最小截面处互相垂直的两个方向各测量一次直径,取其平均值作为试样断口处的最小直径 d_u。

2. 确定原始标距 L_0

在试样平行长度部分内,量取原始标距 L_0(按 10 倍或 5 倍试样长度取整确定)。然后用记号笔把原始标距 L_0 分成若干等份(通常是以 5 mm 或 10 mm 为一等份),以便当试样断裂不在中间时进行换算,从而求得比较正确的断后伸长率。

3. 开机实验

参见使用设备的相关操作规程。

4. 注意事项

随时注意观察试样在拉伸过程中的形状变化和应力－延伸率曲线的变化情况。

① 在试样拉伸过程中,当应力－延伸率曲线出现屈服平台时,在试样表面可能出现契尔诺夫滑移线。

② 过了屈服阶段后,观察冷作硬化现象。

③ 当载荷到达最大值 F_m 时,曲线开始回落下降,密切注意试样形状变化,此时可看到颈缩现象。

④ 试样拉断后,按规程进行相应操作(停机、取样、保存数据等)。取下试样,并测取断后标距 L_u(如果试样是断在标距之外的作废)和颈缩处最小直径 d_u。测量时应将试样的两半接在一起,使其尽量紧贴。

⑤ 打印拉伸曲线。

4.1.1.6　实验结果整理

1. 对拉伸曲线的修正

拉伸曲线得到后,往往在开始处形成如图 4.8 中所示的不规则曲线。这是由于试验开始时,握紧器、夹具和试样之间尚未紧密相接,并非完全由于试样变形所致。因此,对此曲线要进行修正,即将拉伸图直线部分往下延长,它与横坐标相交,交点即为原点。

2. 根据拉伸曲线图求出

上屈服强度:

$$R_{eH} = \frac{F_{eH}}{S_0} \tag{4.1}$$

下屈服强度:

$$R_{eL} = \frac{F_{eL}}{S_0} \tag{4.2}$$

抗拉强度:

$$R_m = \frac{F_m}{S_0} \tag{4.3}$$

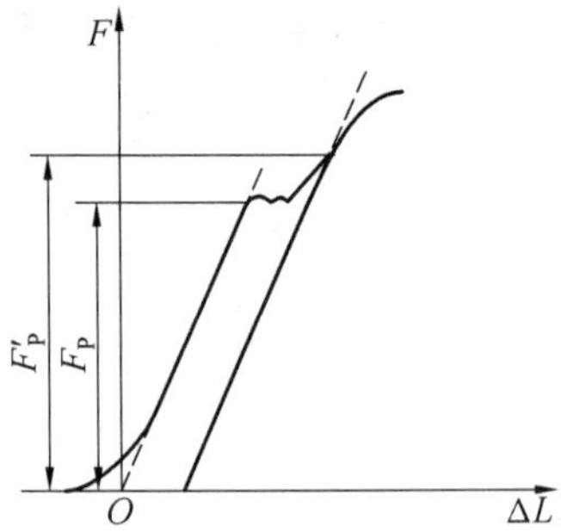

图 4.8　拉伸曲线修正

3. 计算断后伸长率

$$A = \frac{L_u - L_0}{L_0} \times 100\% \tag{4.4}$$

4. 断口移位法

试样拉断后残余变形在整个长度的分布是非均匀的。离夹持段越近变形越小,且在颈缩部分大,非颈缩部分小。由此可知,断在中间时,试样残余变形最大,断后延伸率也最大。原则上只有断裂处与最接近标距标记点的距离不小于原始标距的 1/3 情况方为有效。同时国标也规定断后伸长率大于或等于规定值,不管断裂位置处于何处测量均为有效。如规定的最小断后伸长率小于 5%,建议采取特殊方法进行测定。如断裂处与最接近的标距标记点的距离小于原始标距的 1/3 时,为了减少断裂位置对测试结果的影响,可以将试验所得到的残余变形换算成相当于试样在中间断裂时的"标准数值",此方法称之为断口移位法。方法如下:

(1) 试验前将试样原始标距细分为 5 mm(推荐)或 10 mm 的 N 等份;

(2) 试验后,以符号 X 表示断裂后试样短段的标距标记,以符号 Y 表示断裂试样长段的等分标记,此标记与断裂处的距离最接近于断裂处至标距标记 X 的距离,如图 4.9 所示。

如 X 与 Y 之间的分格数为 n,按如下方法测定断后伸长率:

① 如 $N - n$ 为偶数,如图 4.9(a) 所示,测量 X 与 Y 之间的距离 l_{XY} 和测量从 Y 至距离 $\frac{N-n}{2}$ 个分格的 Z 标记之间的距离 l_{YZ}。按下式计算断后伸长率:

$$A = \frac{l_{XY} + 2l_{YZ} - L_0}{L_0} \times 100\% \tag{4.5}$$

② 如 $N - n$ 为奇数,如图 4.9(b) 所示,测量 X 与 Y 之间的距离,以及从 Y 至距离分别为 $(N-n-1)/2$ 和 $(N-n+1)/2$ 个分格的 Z' 和 Z'' 标记之间的距离 $l_{YZ'}$ 和 $l_{YZ''}$。按下式计算断后伸长率:

$$A = \frac{l_{XY} + l_{YZ'} + l_{YZ''} - L_0}{L_0} \times 100\% \tag{4.6}$$

5. 断面收缩率

计算式为

$$Z = \frac{S_0 - S_u}{S_0} \times 100\% \tag{4.7}$$

式中　S_u——颈缩处的最小面积。

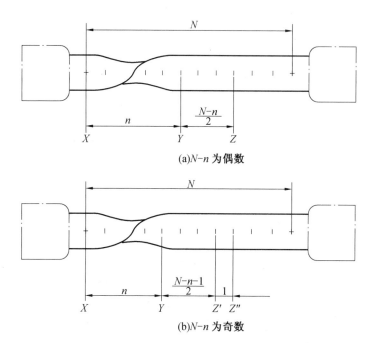

(a)N-n 为偶数

(b)N-n 为奇数

图 4.9　断口移位法

n—X 与 Y 之间的分格数；N—等分的份数；X—试样较短部分的标距标记；
Y—试样较长部分的标距标记；Z,Z',Z''—分度标记

6.拉断时颈缩处的实际应力

计算式为

$$R_b = \frac{F_b}{S_u} \tag{4.8}$$

式中　　F_b——断裂载荷。

4.1.2　金属材料的压缩实验

4.1.2.1　实验目的

① 测定低碳钢在压缩过程中的力学性能。

② 测定铸铁在压缩过程中的力学性能。

③ 观察压缩时所表现的各种现象。

④ 研究和比较塑性材料与脆性材料在室温下单向压缩时的力学性能。

4.1.2.2　实验原理

实验参考《GB/T 7314—2017 金属材料　室温压缩试验方法》进行,相关中术语和定义
如下：

F_{pc}——规定塑性压缩变形的实际压缩力；

F_{eHc}——屈服时的实际上屈服压缩力；

F_{eLc}——屈服时的实际下屈服压缩力；

F_{mc}——对于脆性材料,试样压至破坏过程中的最大实际压缩力;对于塑性材料,指规
定应变条件下的压缩力；

R_{pc}——规定塑性压缩强度；

R_{eHc}——上压缩屈服强度；

R_{eLc}——下压缩屈服强度；

R_{mc}——脆性材料抗压强度；

e_{pc}——规定塑性压缩应变。

1. 低碳钢

低碳钢为塑性材料，其压缩曲线如图 4.10 所示。开始加载时，力－变形关系曲线呈直线上升，此时遵守胡克定律。当载荷达到一定值以后，屈服现象发生，然后随载荷进一步增大，曲线变形继续增加，随着塑性变形的迅速增长，试样横截面积逐渐增大，增加了承载能力，同时纵向变形速度下降，从而导致力－变形关系曲线上翘。

从实验我们知道，低碳钢试样可以被压成极薄的平板而一般不破坏，因此，其抗压强度一般是不能确定的。

注意：很多金属材料压缩过程中没有明显的屈服过程，不能确定屈服强度。此时根据国标《金属材料室温压缩试验方法》(GB/T 7314—2017)，只能确定规定塑性压缩强度 R_{pc}（试样标距段的塑性压缩变形达到规定的原始标距百分比时的压缩应力）。如国标中定义的 $R_{pc0.2}$ 表示规定塑性压缩应变为 0.2% 时的压缩应力。可以用 $R_{pc0.2}$ 来表示无屈服过程的金属材料压缩时的名义屈服强度。

$$R_{eLc} = \frac{F_{eLc}}{S_0} \tag{4.9}$$

2. 铸铁

铸铁为脆性材料，其压缩曲线在开始时接近于直线。随载荷增加曲率逐渐增大，最后至破坏，因此只确定其抗压强度 R_{mc}，如图 4.11 所示。

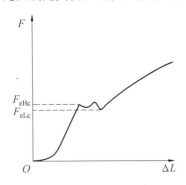

图 4.10　低碳钢压缩

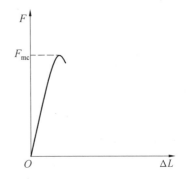

图 4.11　铸铁压缩

铸铁试样受压力作用而缩短，表明有很少的塑性变形的存在。当载荷达到最大值时，试样即破坏，并在其表面上出现大致与横截面成 45° 倾角的裂缝。铸铁压缩破坏是突然发生的，这是脆性材料的特征。

$$R_{mc} = \frac{F_{mc}}{S_0} \tag{4.10}$$

4.1.2.3　压缩试样与试验所用机器、仪器和工具

1. 压缩试样

低碳钢和铸铁压缩试样如图 4.12 和 4.13 所示。金属试样一般采用圆柱形，按国标《金

属材料室温压缩试验方法》(GB/T 7314—2017)的要求,圆截面的压缩试样一般情况下,其高与直径之比应为 $2.5 \leqslant h_0/d_0 \leqslant 3.5$。其他材料的试样一般都采用立方体。

图 4.12　低碳钢压缩试样图　　　　　图 4.13　铸铁压缩试样图

2.试验所用设备、仪器和工具

① 电子万能材料试验机一台。

② 游标卡尺一支。

③ 低碳钢、铸铁压缩试样一套。

4.1.2.4　实验步骤

① 测量试样尺寸。

② 把试样放在试验机上。

③ 开机进行试验。

④ 低碳钢压缩载荷最大不超过试验机最大载荷,铸铁一直压缩到试样破坏。

⑤ 卸去载荷,取出破坏的试样。

⑥ 打印实验数据及曲线。

4.1.2.5　实验注意事项

① 低碳钢不能压到破坏,压到 $45 \sim 50$ kN 时即停止试验。

② 为了能很好地观察铸铁的破坏裂纹,在试验中,一旦发现载荷值上升缓慢时,需及时停止加载。

4.1.2.6　实验结果整理

将试验结果与以前的拉伸试验结果作一比较,可以看出,铸铁承受压缩的能力远远大于承受拉伸的能力,抗压强度远远超过抗拉强度,这是脆性材料的一般属性。

4.1.3　思考题

① 低碳钢和铸铁在拉伸实验中的性能和特点有什么不同?

② 低碳钢在拉伸实验中需要测定的材料的塑性性能指标有哪些?

③ 低碳钢在拉伸过程中可分为几个阶段,各阶段有何特征?

④ 比例极限就是弹性极限么? 二者的区别是什么?

⑤ 一般工程设计中材料的屈服极限指的是上屈服点还是下屈服点? 为什么?

⑥ 何谓"冷作硬作"现象? 此现象在工程中如何运用?

⑦ 如何测量拉伸试件的直径?

⑧ 材料与直径完全相同的试件,如果标距不同的话,那么测得的断裂延伸率是否会相同? 为什么?

⑨ 分析低碳钢与铸铁试件在压缩过程中及破坏后有哪些区别?

⑩ 为什么低碳钢压缩时测不出强度极限?

⑪ 铸铁压缩时沿大约 45° 斜截面破坏,拉伸时沿横截面破坏,这种现象说明了什么?

4.1.4　电子万能试验机简介

电子万能材料试验机简称电子万能试验机,是材料力学性能测试的专用设备,主要用于材料的拉伸、压缩、弯曲和剪切等力学性能试验。电子万能试验机是机械技术、传感器技术、电子(计算机)测量、控制及数据处理技术结合的新型试验机。与传统机械式和液压式试验机相比,近年来生产的电子万能试验机最突出的特点是利用计算机控制试验过程,并完成测量数据的自动采集和处理。不同厂家生产的电子万能试验机虽然在结构形式、操作界面、使用功能及技术性能上存在差异,但基本结构和工作原理是类似的,一般都包括机械加载架、试样夹持装置、测量系统、动力系统、传动系统、控制系统、计算机系统等基本工作单元。常见电子万能试验机按照最大载荷划分为 10 kN、20 kN、50 kN、100 kN、200 kN 和 250 kN 等不同的规格。

4.1.4.1　电子万能材料试验机的结构与工作原理

试验机主要由机械加载、控制系统和测量系统等部分组成,如图 4.14 所示。加载是通过伺服电机带动丝杠转动而使活动横梁上下移动来实现。在活动横梁和工作台上安装一对拉伸、压缩或弯曲卡具,组成了加载空间。伺服控制系统则控制伺服电机在给定速度下匀速转动,实现不同速度下横梁移动,从而对试样加载。

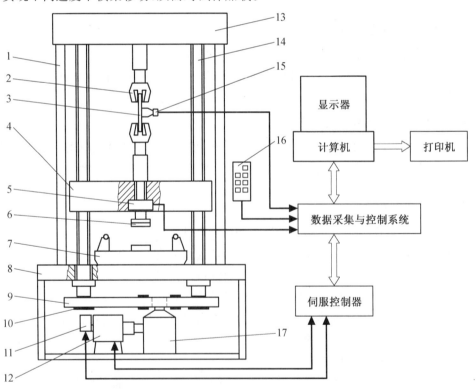

图 4.14　电子万能材料试验机的结构及工作原理示意图

1— 立柱;2— 拉伸夹具;3— 拉伸试样;4— 移动横梁;5— 负荷传感器;6— 压缩夹具;7— 弯曲夹具;8— 下横梁;9— 同步齿型传动带;10— 带轮;11— 光电编码器;12— 伺服电机;13— 上横梁;14— 滚珠丝杠;15— 引伸计;16— 手控键盘;17— 减速机

测量系统包括负荷测量、试样变形测量和横梁位移测量。负荷和变形测量都是利用电测传感技术,通过传感器将机械信号转变为电信号。负荷传感器一般采用应变式传感器,安装在活动横梁上。测量变形的传感器一般称为引伸计,可分为接触式和非接触式,接触式一般夹持在试样上。横梁位移的测量是采用光电转换技术,通过安装在伺服电机上的脉冲编码器将转动信号转变为脉冲信号。三路信号均经过信号调理电路变为标准信号,通过转换传给计算机,实施控制和数据采集。图 4.15 为德国产 Zwick 电子万能试验机,其相关工作参数见表 4.1 和表 4.2。

图 4.15　电子万能材料试验机

表 4.1　试验机的基本参数

型号	最大载荷 /kN	测量空间	横梁速度 /(mm · min⁻¹)	位置精度 /μm	驱动分辨率 /μm
Z010	10	440×1 100	0.000 5 ～ 2 000	0.1	0.027
Z050	50	440×1 000	0.000 5 ～ 6 000	0.1	0.016
Z100	100	640×500	0.000 5 ～ 200	0.1	0.020 6

表 4.2　力传感器的基本参数

型号	测量范围	精度 1 级	精度 0.5 级
500 N	2 N ～ 500 N	2 N ～ 10 N	10 N ～ 500 N
10 kN	40 N ～ 10 kN	40 N ～ 200 N	200 N ～ 10 kN
50 kN	200 N ～ 50 kN	200 N ～ 1 000 N	1 kN ～ 50 kN
100 kN	400 N ～ 100 kN	400 N ～ 2 000 N	2 kN ～ 100 kN

电子万能试验机可执行拉伸、压缩、弯曲、剪切、剥离和裂纹扩展等相关试验,并能实现循环加载及材料的松弛、蠕变等试验,可以满足金属、塑料、橡胶、纸张、食品、纺织品以及生

物力学方面的测试要求。其测试软件一般灵活性强、使用方便,同时一般均配备强大的数据处理和分析功能,以及灵活的测试报告编辑功能。

4.1.4.2　电子万能试验机操作软件简介

电子式万能试验机的控制和数据采集处理均可通过其功能强大的实验软件来实现。可以实现对材料的拉伸、压缩、弯曲和剪切等各类材料性能测试实验。

各生产厂家的操作软件虽有不同,但一般均可实现的功能主要有:设定加载方式(可采用位移加载、恒应变加载、恒应力加载);设定实验机的环境参数;选择测试结果;编辑、打印实验报告等。下面以德国 Zwick 公司的电子万能试验机的 TestXpertII 测试软件为例介绍操作步骤:

① 打开主机及计算机电源。

② 静候数秒,以待机器系统检测。

③ 打开 TestXpertII 测试软件,选取相应测试程序,如图 4.16、图 4.17 所示。

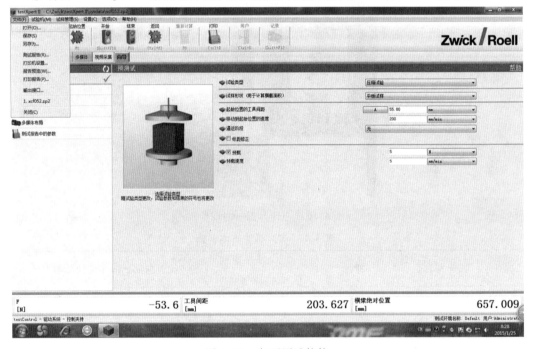

图 4.16　打开测试软件

④ 按主机"ON"按钮,以使主机与程序相连。

⑤ 点击"向导"(图 4.18)进入试验机设置。点击"起始位置"标题栏,根据试样尺寸设置试验机"起始位置的夹具间距"。

⑥ 点击"起始位置"的快捷图标以使夹具恢复到设定值,如图 4.18 所示。

⑦ 输入测量的试样尺寸。

⑧ 安放试样于夹具间,用夹具夹持试样一端。

⑨ 点击"力清零"图标,使力值清零,如图 4.18 所示。

⑩ 用夹具夹持试样另一端。

⑪ 点击"开始"图标,开始测试,如图 4.18 所示。

图 4.17　选取测试程序

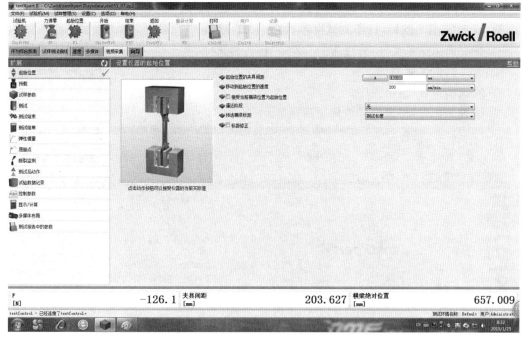

图 4.18　试验机设置

⑫ 测试终止后,取出断后试样。

⑬ 测量断后试样的相关尺寸并输入到测试框中,然后点击"确定",程序自动计算测试结果并画出测试曲线,参见图 4.19。

⑭ 按"起始位置"按钮,使横梁自动恢复到初始位置。

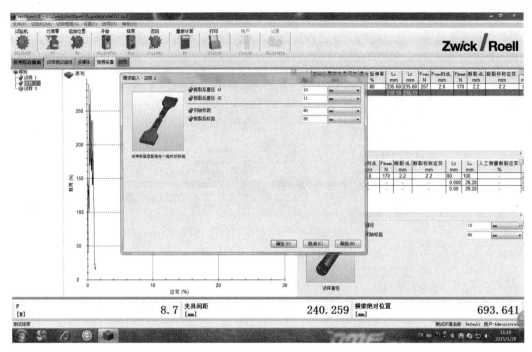

图 4.19 断后试样尺寸的输入

⑮ 所有测试结束后,点击"向导""测试报告中的参数",输入个人相关信息,如图 4.20 所示。

⑯ 点击"打印"图标,打印测试报告,如图 4.20 所示。

⑰ 保存测试结果文件,另存为"＊.ZS2"格式的文件。

⑱ 开始其他试样测试。

⑲ 完成实验后,退出程序。

⑳ 清理工作台,将废试样放到废品箱里。

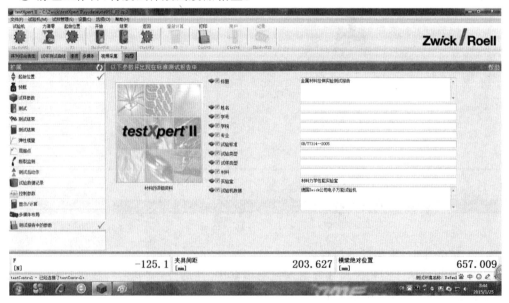

图 4.20 输入个人信息

4.1.5　液压式万能试验机简介

液压式与电子万能试验机的主要区别在于其加载方式是利用液压来实现的,现以国产 WE 系列为例介绍液压式万能试验机,如图 4.21 所示。

图 4.21　液压式万能试验机

液压式万能试验机利用油压加载,操作方便。为了保证试验机指示载荷读数有更高的准确性,采用动摆测力计指示试验载荷,为使试样断裂时所产生的强力振动不致影响测力计指出的载荷读数,试验机主体与测力计两部分分别独立组成。

1.主体部分

主体由机座(包括工作油缸及活塞)、横梁及夹持机构等部分组成。工作油缸固定在机座的中央,工作油缸内的活塞用调心球端轴与试验台相连,反向器上的光杠固定在试台上,其上端固定有上横梁。下横梁通过传动螺母支持在丝杠上,把试验空间分成上部的拉伸和下部的压缩两部分空间。

2.测力部分

测力油缸内装有测力活塞,测力活塞与主体工作活塞的截面积成一定比例,在油压作用下,两活塞上所产生的力成正比。当油压作用在测力活塞上,测力活塞向下移动时,通过连杆及摆杆架使摆铊扬起,摆铊扬起的位置正好和测力活塞向下拉力相平衡。由于推板的作用,线轮架就随着摆铊的摆动而沿导轨移动。悬挂在线轮架两端的立柱和弹簧板之间的线绳,在其中央部分环绕过主动针轴上的线轮,因此在线轮架移动时线轮随着旋转并带动主动指针旋转,该转角与载荷成比例,即主动指针指示出相应载荷数值。

3.载荷指示机构

载荷指示机构封闭在玻璃罩内,有度盘和字盘。指示机构内有主动、从动两根指针。

4.1.6　机械式万能材料试验机简介

机械式万能材料试验机是一种靠机械传动加力和测力的设备(图 4.22),这类试验机对试样加载时,上、下夹头的移动主要是通过蜗轮、蜗杆的机械传动实现。可做拉伸、压缩、弯曲、剪切等实验。该类试验机与电子万能试验机的主要区别是:其力以及位移的测量全部是由机构来实现的,没有传感器;电机为普通电机;控制系统非常简单。其原理图如图 4.23 所示。

试验机分为以下几个部分:

(1) 卡具和支座部分

试样 1 装夹于上卡具 2 和下卡具 3 之间。转动调距手柄 4,调整下卡具间距,通过伞齿轮带动螺杆 11 转动,并与螺母 10 啮合,从而使螺杆 11 上下移动,下卡具 3 则随之上升或下降,试样安装好后,将伞齿轮用拉销 25 锁住。

(2) 加力部分

开动电机 6(按下加载键),或顺时针方向转动手动手柄 7,通过涡轮 9 的传动,带动螺母 10 转动使螺杆 11 向下移动,从而使试样受到拉力而变形。反向,则试样受压。

图 4.22　机械式万能试验机

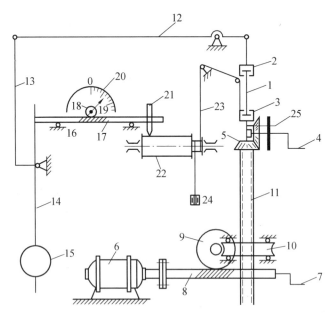

图 4.23　机械式试验机构造原理图

1— 试件;2— 上卡具;3— 下卡具;4— 调距手柄;5— 伞齿轮;6— 电机;7— 手动手柄;8— 转动轴杆;9— 涡轮;10— 螺母;11— 螺杆;12,13— 杠杆系统;14— 摆杆;15— 摆锤;16— 支座;17— 水平螺杆;18— 齿轮;19— 指针;20— 表盘;21— 铅笔;22— 滚筒;23— 链条;24— 重锤;25— 拉销

(3) 测力部分

试样受到拉力时,作用在夹具 2 上的力,通过杠杆系统 12、13 的传递,使摆锤 15 摆起,摆

杆 14 推动水平齿杆 17,使齿轮 18 带动指针 19 转动,指针旋转的角度与试样所受力成正比。

（4）自动绘图部分

在水平螺杆 17 的一端装一铅笔 21,当试样受力而螺杆 17 向右移动,铅笔则沿纪录纸母线方向移动,绘出载荷的大小;当试样受力伸长时,链条 23 通过滑轮缠绕于记录纸上,重锤 24 的重力作用带动圆筒转动,绘出载荷－伸长的关系曲线。

4.2　低碳钢和铸铁圆轴扭转实验

在实际工程中,有很多构件都承受扭转变形,材料在扭转变形下的力学性能是进行扭转强度和刚度计算的重要依据,此外,由扭转变形得到的纯剪切应力状态,是拉伸以外的又一重要应力状态,对研究材料的强度有着重要意义。

4.2.1　实验目的

① 测定低碳钢和铸铁在扭转时的力学性能。
② 观察低碳钢与铸铁扭转时的破坏形式,分析引起破坏的原因。

4.2.2　实验原理

本实验所采用的试样为圆截面试样,当转矩较小时,试样上的转矩与扭转角成正比,此时在弹性范围内。对于低碳钢试样,随着转矩不断的增加,试样横截面边缘处的剪应力首先达到屈服极限 τ_{eL},如图 4.24(a)所示。然后,塑性区逐渐向圆心处扩展。试样接近扭断时,整个截面剪应力为常数,如图 4.24(c)所示。

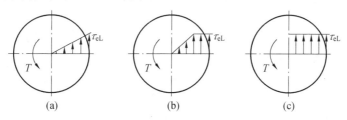

图 4.24　低碳钢扭转屈服时剪应力变化

应该指出,低碳钢试样扭转时沿横截面破坏,此破坏是由横截面上剪应力造成的,说明低碳钢的抗剪强度较差。

铸铁试样受扭转时沿 45°斜截面破坏,断口粗糙,此破坏是由 45°斜截面上的拉应力造成的,说明铸铁的抗拉强度较差。

4.2.3　试样

扭转实验可以测试不同规格的试样,例如矩形截面杆试样、圆轴试样、薄壁杆试样等。在教学中,参照《金属材料室温扭转试验方法》(GB/T 10128—2007),使用圆轴试样,如图 4.25 所示。 由于扭转实验时,试样表面的切应力最大,试样表面缺陷对试验结果影响较大,所以,对扭转试样的表面粗糙度的要求要比拉伸试样的高。其中:

L_0—— 标距,试样上用以测量扭角的两标记间距离的长度。

L_e—— 扭转计标距,用扭转计测量试样扭角所使用试样平行部分的长度。

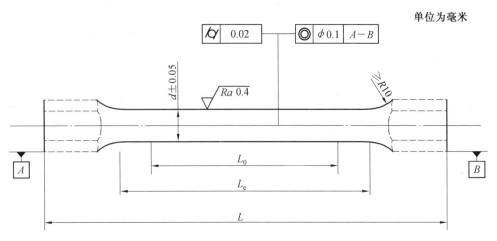

图 4.25　圆柱形试样

4.2.4　实验仪器设备

① NJ－50 型扭矩测试仪,如图 4.26 所示。

② 游标卡尺。

③ 计算机。

④ 打印机。

图 4.26　NJ－50 型扭矩测试仪

4.2.5　实验步骤

1. 低碳钢

① 用游标卡尺测量试样的标距长度 L_0、横截面直径 d_0,应在标距两端及中间处两个相互垂直的方向上各测一次直径,并取其算术平均值,取用 3 处测得直径的算术平均值中的最小值 d 计算试样的截面系数。

② 打开总电源,启动计算机。

③ 打开桌面上的"扭矩测试仪"应用程序,切至采集面板。

④ 根据实际情况修改姓名、学号、指导老师、力臂长度、试样材料和试样尺寸等基本信息。

⑤ 装卡试样。

⑥ 计数器归零,点击"开始测量"按钮。

⑦ 顺时针方向手摇摇柄,缓慢均匀加载。

⑧ 观察计算机绘图情况及试样的变形情况。

⑨ 试样屈服,断裂;再次点击"开始采集"按钮,停止采集数据。

⑩ 观察试样断口形状;观察计算机绘制的扭角－扭矩曲线,读出屈服点的扭角扭矩,断裂点的扭角扭矩。

⑪ 点击"生成报告"按钮,生成网页格式的实验报告,点击左上角"文件",选择"打印",点击确定。

⑫ 取下已破坏的试样,关闭程序及计算机,关掉电源。

⑬ 数据处理,分析实验现象,得出结论。

2.铸铁

实验步骤与低碳钢相同,只是铸铁没有屈服阶段且扭转角较小,试样扭断后即可停止加载。

4.2.6　数据整理

1.低碳钢

屈服强度:

$$\tau_{eL} = \frac{3}{4}\frac{T_{eL}}{W} \tag{4.11}$$

抗扭强度:

$$\tau_{m} = \frac{3}{4}\frac{T_{m}}{W} \tag{4.12}$$

最大非比例扭角 ϕ_{max} 则由扭转试验机上的光电码读出记录读出。

上式中 τ_{eL},τ_{m} 计算公式中包含系数 3/4,这是由于试样进入屈服阶段和横截面上应力已达到强度极限时,其应力分布如图 4.24(c) 所示。此时

$$T = \int_{A}\tau r \mathrm{d}A = \tau \int_{A} r \mathrm{d}A = \frac{\pi d^3}{12}\tau = \frac{4}{3}\tau W \tag{4.13}$$

式中　　τ_{eL}——下屈服强度,在屈服期间不计初始瞬时效应时的最低切应力;

　　　　τ_{m}——抗扭强度,相应最大扭矩的切应力;

　　　　T_{eL}——下屈服扭矩;

　　　　T_{m}——试样在屈服阶段之后所能抵抗的最大扭矩;

　　　　W——截面系数,$W = \frac{\pi d^3}{16}$。

2.铸铁

对于铸铁,认为试样直到破坏,T 与 ϕ 近似保持直线关系,因此有

$$\tau_{m} = \frac{T_{m}}{W} \tag{4.14}$$

ϕ_{max} 可以通过计算机给出。

4.2.7　思考题

① 为什么受扭时,低碳钢最大扭转角比铸铁圆轴最大扭转角大很多?

② 受扭时,铸铁圆轴沿哪个截面破坏? 该破坏是由什么应力引起的?

③ 受扭时,低碳钢圆轴沿哪个截面破坏? 该破坏是由什么应力引起的?

4.3　剪切实验

在工程中,经常需要将构件相互连接,如桁架结点处的铆钉连接、拉压杆件和其他构件之间的销钉连接、机械中的轴与齿轮间的键连接、紧固件之间的螺栓连接等。这种在构件连接处起连接作用的部件,如铆钉、销钉、键和螺栓等,统称为连接件。连接件把构件连接起来,以实现力和运动的传递。连接件的受力情况比较复杂,不是单一的基本变形,通过理论分析做精确计算是比较困难的。在工程中,一般提供出材料的抗剪强度极限作为设计的依据。

4.3.1　实验目的

① 掌握材料受剪切时的力学性能的测试方法。

② 了解各向异性材料的力学性质。

4.3.2　实验原理

双剪切实验是最常用的剪切实验方法,实验采用圆柱形试样,将试样放在电子万能试验机的钳口座中。通过电子万能试验机对与钳口座配套的具有一定厚度的剪切刀刃施加载荷,如图 4.27 所示,实现对试样的双剪切。随载荷的增加,直至试样被剪断后测定其抗剪强度。

图 4.27　剪切钳口座

从被剪断的试样上可以看到,剪断面不是标准的圆截面,而是发生了变形,这说明了试样虽然主要以剪切变形为主,但还伴随挤压破坏。同时还可以看到试样中间部分略有弯曲变形,这又说明了试样承受的不只是剪切变形。这与连接件在工程中受力状况相吻合,所以,材料能经受的最大剪切应力 τ_b 的测定意义重大。在剪切实验中,名义抗切强度是剪切试验中的最大试验力除以试样剪切面积。

4.3.3　试样

实验试样参照《金属材料线材和铆钉剪切试验方法》(GB/T 6400—2007)规定加工,如图 4.28 所示。

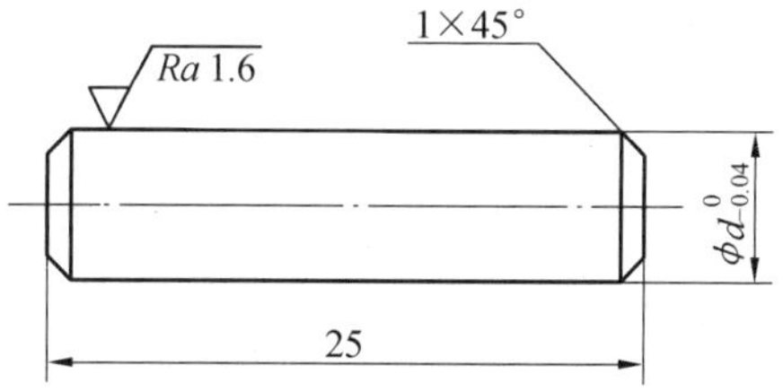

图 4.28　低碳钢剪切试样(d 不大于 6 mm)

4.3.4　实验仪器设备

① 电子万能试验机。

② 剪切钳口座,如图 4.27 所示。

③ 游标卡尺。

4.3.5　实验步骤

① 选取两个截面测量试样直径,每个截面用游标卡尺分别相互垂直各测一次直径,再取其两点平均值的平均值作为试样的直径,计算出试样的横截面积 S_0。

② 将试样放入钳口座中。

③ 启动电子万能试验机缓慢加载。

④ 试样被剪断后立即停止加载,取出试样,记下破坏时载荷数值 F_{m}。

4.3.6　实验数据处理

$$\tau_{\mathrm{b}} = \frac{F_{\mathrm{m}}}{2S_0} \tag{4.15}$$

4.3.7　思考题

① 在 τ_{b} 的计算公式中,分母为何为 $2S_0$?

② 比较低碳钢与木材被剪断的试样,分析破坏的原因?

4.4　疲劳实验

材料在交变应力或应变作用下,会产生裂纹或失效,此时即使材料所受的应力低于屈服强度,也会发生断裂,这种现象称为材料的疲劳。疲劳断裂,特别是高强度材料的疲劳断裂,一般不发生明显的塑形变形,难以检测和预防,因而对材料和构件的疲劳研究一直被广泛关注。疲劳试验的种类很多,如弯曲、扭转、轴向和旋转弯曲等,与其相关的疲劳试验标准也很多,本书仅以金属轴向疲劳试验进行介绍,其他的可参考相应的国家标准、国际标准或行业标准。

4.4.1　实验目的

① 观察疲劳失效现象。

② 观察分析断口特征,了解疲劳破坏机理。

③ 了解测定材料疲劳极限的方法。

4.4.2　实验原理

随时间做周期性变化的应力，称为交变应力。材料的疲劳寿命是材料承受交变应力破坏前经历的循环次数。在疲劳实验中，对于碳钢，若在某一交变应力下经受 10^7 次循环后，试样仍不断裂，则该试样可被认为在此应力水平下可以承受无限次循环而不发生破坏。因此，通常以对应 10^7 次循环的最大应力作为疲劳极限 σ_r。然而有的材料观察不到明显的疲劳极限，特别是有色金属，它们的 $S-N$ 曲线非常缓慢地趋近于一渐近线或连续下降，这样则需预先给定循环基数 $N=10^7$ 或 10^8，然后再求得能够达到这一循环基数 N 而又不发生断裂的最大交变应力，则此时的应力称为耐久极限应力。

一般的疲劳试验，在不同的载荷情况下，需要 $6\sim8$ 个尺寸相同、加工一致的试样，表面均应研磨且圆角要光滑。在对称循环疲劳试验时，根据材料的抗拉强度值 $\sigma_{\max}$，在 $0.7\sigma_{\max}\sim0.4\sigma_{\max}$ 之间由高到低选择几个应力水平 $\sigma_1,\sigma_2,\cdots,\sigma_n$，其中高应力的数值间距小一些；将这些应力分别施加在试样上进行试验，测出它们的疲劳寿命断裂周次 N_1，$N_2,\cdots,N_n$；最后以 $N=10^7$ 作为无限寿命的循环基数去标定 σ_r。当施加应力为 σ_{n-1} 的试样其疲劳寿命 $N_{n-1}<10^7$ 周次，而施加应力为 σ_n 的试样其疲劳寿命 $N_n>10^7$ 周次，且 $\sigma_n-\sigma_{n-1}<10(\mathrm{MPa})$ 时，即可认为 σ_{-1} 在 σ_n 和 σ_{n-1} 之间，可近似用二者的平均值表示。

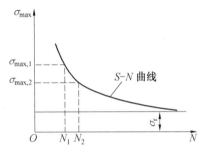

图 4.29　$S-N$ 曲线

在交变应力的应力循环中，最小应力和最大应力的比值称为应力比。即

$$r=\frac{\sigma_{\min}}{\sigma_{\max}} \tag{4.16}$$

在既定的 r 下，若试样的最大应力 $\sigma_{\max,1}$ 经历 N_1 次循环后，发生疲劳失效，那么 N_1 称为最大应力为 $\sigma_{\max,1}$ 时的疲劳寿命。对材料疲劳寿命的测定，常用最大应力 $\sigma_{\max}$ 与疲劳寿命 N 的关系曲线即 $S-N$ 曲线来表示，用以表征材料的疲劳性能。

4.4.3　实验仪器设备

高频疲劳试验机或电液伺服疲劳试验机。

4.4.4　试样

按照《金属材料疲劳试验轴向力控制方法》(GB/T 3075—2008) 要求，同一批疲劳试验机所使用的试样应具有相同的直径，相同的形状和尺寸公差。试样表面粗糙度、表面残余应力的存在等因素对实验结果会产生影响。试样尺寸参考国标。

4.4.5　实验步骤(电液伺服疲劳试验机)

① 打开强电动力柜,再打开总电开关,然后在控制柜上打开电源,此时压力显示表和温度显示表亮且有数值显示,检查压力转换旋钮,确保压力转换旋钮打在"低"上。

②打开电脑→动静万能试验机控制器→动态软件,点击"联机",此时软件中"负荷／变形／位移"中有数值显示,软件和控制器已经连接。在软件中数据窗口新建试样信息文件。

③ 启动油泵,等待五分钟预热后,将"压力转换"旋钮打到"高"上,此时高压启动。软件中显示油泵已启动,控制操作窗口已启动可以操作(软件设置低压或电机未启动状态软件不可控制)。在调整位置界面中点"置中",油缸自动调整到中间状态,再点停止。也可用"上升／下降"来调整位置。

④ 将移动梁上的"锁紧／松开"旋钮打到松开上,按"上升／下降"按钮,调整移动梁到可放进试样的位置,用上钳口松紧旋钮将试样上部夹住,在软件中的负荷显示窗口点清零,然后调整移动梁到下钳口能夹好的位置(一般钳口夹试样的尺寸为钳口总尺寸的 5/6 左右),夹紧下钳口,将移动梁上的"锁紧／松开"旋钮打到锁紧上(注意:一定要将移动梁锁紧后再做试验)。

⑤ 软件中检查极限保护设置,没问题后打开"疲劳试验"窗口,将疲劳次数清零,选择控制方式和波形,设定好"疲劳次数／峰值／频率"等,点开始进行试验。

⑥ 试验完成后,先用手控盒松开上钳口,再将移动梁"锁紧／松开"旋钮打到松开上,按"上升"按钮升高移动梁,再将移动梁"锁紧／松开"旋钮打到"锁紧"上,然后松开下钳口,取下试样。

⑦ 将控制柜上的"压力转换"旋钮打到"低"上,再点"停止"按钮关闭油泵电机,关闭电源,将强电动力柜中的总闸拉下。

⑧ 软件中数据窗口处理试样信息／数据等。

4.4.6　实验结果整理

给出疲劳试验数据记录表,根据记录数据绘图。

4.4.7　高频疲劳试验机简介

1.用途

试验机用于测定金属及其合金材料在室温状态下的拉伸、压缩或拉压交变负荷的疲劳强度试验。又可根据需要进行三点弯曲、薄厚板材、扭转以及齿轮等疲劳试验。

2.高频疲劳试验机的组成

高频疲劳试验机主要由主机、电气控制箱和计算机、打印机等 3 大部分组成(图 4.30)。

3.结构特征与工作原理

高频疲劳试验机是基于共振原理进行工作的,其主要由两个并联弹簧、测力传感器、试样及主振系统的质量构成机械振动系统。振动是由激振器来激励和保持,当激振器产生的激振频率与振动系统的固有频率基本一致时,这个系统便发生共振,这时主质量在共振状态所产生的惯性力往返地作用于试样,从而完成对试样的拉压疲劳试验(通过改变夹具可实现

图 4.30　高频疲劳试验机

其他疲劳试验)。振动系统的基本原理如图 4.31 所示。

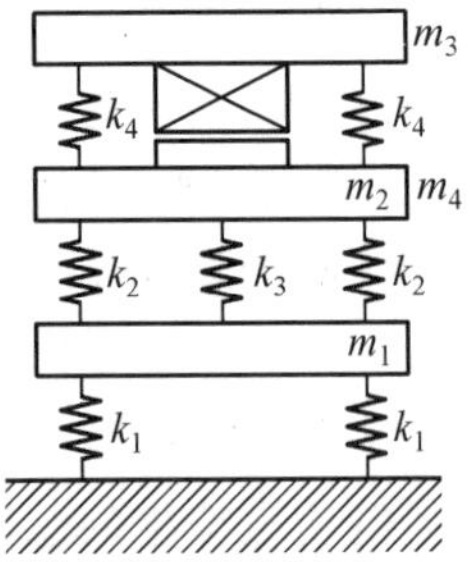

主振系统是由主质量 m_1 和主振弹簧 k_2 及试样 k_3 组成，由激振器提供能量，使主质量在共振频率下振动。地面支撑弹簧 k_1 与集合质量 m_1、m_2 和 m_3 一起产生一个远低于试验频率的共振频率。从而阻止基座质量 m_1 相对于地面的振动。

附加激振质量 m_3，它支撑着驱动电磁铁，并通过两个激振弹簧 k_4 而附加在试验机的主振质量 m_2 上，同时弹簧 k_4 又将主质量 m_2 的工作振动削减。因此，这个系统具有远低于试验频率的振动频率，所以当机器在共振状态时，这个系统仍能基本上保持着相对地面的静止状态。

通过 k_2 移动 m_2 为试样施加静态负荷时，m_3 则随着 m_2 产生同样的位移，使电磁铁和衔铁之间的空气间隙保持相对不变，即空气间隙与静态负荷无关。在实践中，在允许负荷范围内，主机上不必做任何调整，可任意改变静态负荷部分。

图 4.31　振动系统基本原理图
m_1—基座质量(反作用质量)；
m_2—主要质量；m_3—激振质量；
m_4—附加质量(砝码质量)；
k_1—支撑弹簧；k_2—主振弹簧；
k_3—试样；k_4—激振振动弹簧

4.4.8　电液伺服疲劳试验机简介

1.用途

电液伺服疲劳试验机主要用于金属材料、非金属材料及其构件的常规拉伸、压缩、弯曲、低周、随机疲劳、裂纹扩展和断裂力学试验。

2.电液伺服疲劳试验机的组成

电液伺服试验系统主要由电机、柱塞泵、油箱、管路、系统调压集成阀块、冷却循环系统、主机和电液伺服控制系统等装置组成，其典型结构示意图如图 4.32、图 4.33 所示。

图 4.32　电液伺服疲劳试验机

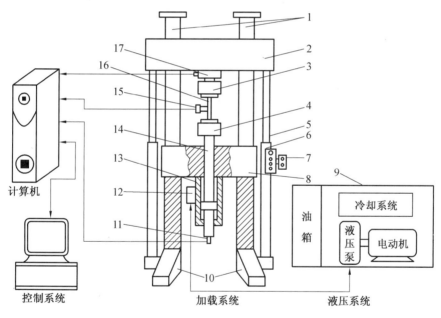

图 4.33　电液伺服疲劳试验机基本构造和原理图

1— 立柱；2— 上横梁；3— 上夹头；4— 下夹头；5— 横梁提升活塞杆；6— 横梁提升活塞；7— 控制盒；
8— 下横梁；9— 液压源；10— 底座；11— 位移传感器；12— 伺服阀；13— 作动器缸筒；14— 作动器活塞
杆；15— 引伸计；16— 试样；17— 载荷传感器

3. 电液伺服作动器

　　电液伺服作动器是一液压执行机构，能把来自液压源的液压能转换为机械能，也可根据需要通过产品自带的位移传感器或行程开关进行伺服控制。用于执行主控制器的命令，控制负载的速度、方向、位移、力，同时反馈给主控制器信号输出力大，运行位置准确，体积小等特点。

　　直线伺服作动器外形是圆柱形,立式安装在主机的下横梁上。作动器的结构是由前、后端盖、缸筒、活塞杆、位移传感器、伺服阀和密封件等组成。在作动器的前、后端盖之间,装有缸筒,缸筒与前后端盖间分别有一道密封圈密封,并用螺栓紧固在一起。活塞杆装在缸筒里面,可以前后移动。活塞与缸筒之间及活塞杆与前后端盖之间采用组合密封圈密封。在前、后端盖上面安装着油路块,油路块上面安装有电液伺服阀。从分油器输送的液压油通过连接在伺服阀油路块上的管路进入伺服阀,伺服阀在控制信号的作用下,将液压油交替地供给作动器的前后腔,推动活塞杆按照控制信号做往复运动。作动器的回油通过伺服阀的回油口经分油器回到液压源。

第5章　应变电测实验

5.1　应变电测实验基础

5.1.1　概述

应变电测实验简称电测法实验,是实验应力分析的重要方法之一。电测法是一种把力学量的变化转换成某种电量的相应变化以达到测量目的的技术。具体来说,电测法是一种非电量电测技术。实验测量时,用专用黏结剂将电阻应变片(相关知识参见2.1应变式传感器)粘贴到被测构件表面,应变片因感受测点的变形而使自身的电阻改变。通过电阻应变仪(简称应变仪)将应变片的电阻变化经转换、放大处理后,给出应变值。然后,再由应力、应变关系换算成应力值,达到对构件进行实验应力分析的目的。

电测法具有使用方便、灵敏度高、精度高、测量应变的范围广、自动化程度高等优点。但是,电测法也有其局限性。比如,应变片只能测量构件的表面应变;一枚应变片只能测量构件表面一点(贴片处)沿某一特定方向(应变片轴向)的应变,它不是一种全场测量方法;所测应变是应变片敏感栅投影面积下构件应变的平均值,对于应力集中和应变梯度很大的部位,会引起较大的误差等。

电测法广泛应用于:结构构件表面应力的静、动态(含冲击)应变应力测量,高速旋转构件应变应力测量以及结构在高压、高低温条件下的应力测量等各种复杂工程问题。近年来,电测法更是广泛应用于无损检测、智能健康监测等重要工程领域,有着越来越广阔的发展前景。

5.1.2　电阻应变片的选用

电阻应变片的种类繁多,大体可分为金属应变片和半导体应变片两大类。其中金属应变片又分为丝式、箔式和薄膜型,而半导体应变片可分为体型、薄膜型、扩散型以及 PN 结元件等形式。在进行应变电测实验时,需要根据工作环境、载荷性质和测点的应力状态等情况来决定选用何种应变片。

1. 根据工作环境选用

使用环境的温度对应变片的影响很大,测量时应根据使用温度选用不同丝栅材料的应变片。常温应变片一般采用康铜丝制造,在应变片型号中省略了使用温度标识,如果需要高温应变片需特别说明。国家标准中规定的常温应变片的使用温度为 $-30 \sim 60$ ℃。一般康铜合金的最高使用温度为 300 ℃,卡玛合金为 450 ℃,铁镍铝合金可以达到 $700 \sim 1000$ ℃。由于基底材料和黏结胶的限制,目前中温箔式电阻应变片一般都使用卡玛合金制作,最高使用温度为 $200 \sim 250$ ℃ 左右。

　　潮湿对应变片的性能影响很大,比如引发应变片对构件之间的绝缘电阻降低,电容发生变化,黏结强度降低等现象,从而造成零点漂移,灵敏度下降,严重时甚至使应变片锈蚀损坏。因此,在潮湿环境中,应该使用防潮性能好的胶膜基底应变片,并应采取适当的防潮措施,比如涂防潮剂等。

　　如果应变片处于强磁场中,磁场可使敏感栅产生磁致伸缩,且应变片在磁场内运动或在交变磁场内将产生干扰信号,这些都会造成测量误差,因此在强磁场测量条件下应使用特殊的防磁应变片。

　　2. 根据被测量应变的性质选用

　　对静态应变测量来说,温度变化是导致误差的重要原因,如有条件选用温度自补偿应变片可减少此项误差。对于测量精度要求高的静态应变测量或制作各种应变片式传感器,宜使用由康铜或卡玛合金做敏感栅,用环氧、酚醛等有机胶膜作为基质的应变片,以保证较小的零漂、蠕变、热输出和较好的长期稳定性。

　　对动态应变测量,如应变片工作在长期交变载荷下,应使用疲劳寿命高的应变片(如箔式应变片),如需测量高频应变则应考虑应变片的标距,宜选用标距相对较小的应变片。

　　3. 根据测点应力状态选用

　　应变片测得的应变,实际上是其标距长度(应变片栅长)范围内应变的平均值。应变片标距越小,测得的数据越趋近于一点的应变。因此,在应变沿轴向均匀分布的构件上,应变片标距的大小对测量精度没有直接影响。但是在应变或应力变化梯度大时,必须采用小标距的应变片或栅宽小的应变片。如果希望得到总的变形和取得其平均值,那就要用标距较长的应变片。一般情况下,金属结构用的应变片标距较小,而对于像混凝土这类非均质材料,一个标距小的应变片只能反映出水泥和碎石间连接的情况,而一个很长的应变片就能反映出人们感兴趣的变形平均值,因此应采用大标距应变片进行测量。

　　在单向应力状态下,沿应力方向贴片测量应变时,应采用单轴应变片,而在平面应力状态下测量应变时,应使用应变花。应变花的面积要尽量小,相对地接近于一个点为好,且横向效应系数要小。

　　固定在构件上的应变片,其敏感栅的电阻变化不仅与敏感栅轴线方向的构件应变有关,而且也与敏感栅弯头圆弧方向的构件应变有关,应变片的灵敏系数与金属丝在拉伸(或缩短)状态下所得灵敏系数不同,它与被测构件应变状态有关。因此,应变片的灵敏系数 K 定义为:当将应变片安装在处于单向应力状态的试样表面,使其轴线(敏感栅纵向中心线)与应力方向一致时,应变片电阻值的相对变化与其轴向应变之比值,即

$$K = \frac{\Delta R/R}{\varepsilon_x} \quad \text{或} \quad \Delta R/R = K\varepsilon_x \qquad (5.1)$$

式中　　R——应变片变形前的电阻值;

　　　　ε_x——试件表面沿应变片轴线应变;

　　　　ΔR——应变片电阻值的改变量。

　　应变片的灵敏系数一般由生产厂家抽样试验测定,应变片包装盒上给出的是本包应变片灵敏系数的平均值和相对误差。当试验精度要求较高时,可用等强度梁或等弯矩梁标定。

5.1.3 电阻应变片的粘贴工艺

电阻应变片的粘贴工艺包括:构件贴片表面的处理,应变片的粘贴、固化,导线的焊接,应变片的防护以及质量检查等。这是应变电测技术中的一个关键性环节,如果其中任何一道工序质量未能保证,都将影响测试的效果。一旦粘贴工艺不良,往往造成测试时反复查找故障、排除故障,或造成仪器读数不稳定、不可靠的后果,甚至出现某些关键测点应变片失效,从而导致整个测试工作的失败,最后不得不返工,费时费力。因此,应变片的粘贴必须遵守操作规程,仔细、认真地进行,这样才能保证整个测试过程顺利进行,从而确保测试结果准确、可靠。

常温下粘贴应变片的操作步骤及注意事项如下:

1. 应变片的准备

贴片前应对使用的应变片进行外观检查和阻值测量。外观检查用目测或放大镜,检查敏感栅有无锈斑、缺陷,是否排列整齐,基底和覆盖层有无破损,引线是否牢固。电阻值测量的目的是检查应变片是否有断路、短路情况,并进行分选,保证使用同一温度补偿片的一组应变片的阻值相差不超过 $\pm 0.1 \, \Omega$。

2. 试样的表面处理

试样的表面处理主要包括试样表面打磨和表面清理。

表面打磨的目的是清理贴片表面及其周围所有的氧化物痕迹、氧化层、涂料以及表面不平处,并在试样表面打磨出一定的纹路,以保证粘贴的牢固性。可用砂轮、锉刀或砂纸等做表面打磨工作。试样表面打磨后,操作人员应仔细洗净双手,否则会弄脏粘贴表面或应变片。

表面清理是在打磨完的表面上,用酒精棉球或洁净的棉纱蘸取丙酮或其他挥发性溶剂对构件贴片位置表面擦洗 $2 \sim 3$ 次,直到棉球上及表面上均没有污垢为止,此后不可再用手摸或用嘴吹。

3. 应变片的贴片工艺

① 在处理后的粘贴表面上用笔画线,定出贴片方位和确切位置。

② 取出应变片,观察其正反面以及基底标记线。

③ 先将应变片正面粘在宽为 $10 \sim 12 \, \text{cm}$ 的透明胶带上。粘贴时应变片应尽可能与胶带的长度方向一致。按照构件上应变片的粘贴位置,将粘有应变片的胶带粘贴到构件上,再缓缓地从一端提起透明胶带,这时应变片也被透明胶带卷起来了。按照应变片基底的标记和画在构件上的记号,用胶带来调整应变片的位置。如果位置排列不理想,就将胶带的一头轻轻抬起,再用上述同样方法重新安放应变片,直至与相应的标记重叠。最后,仔细地将胶带固定在构件上。操作时注意防止弄脏构件粘贴应变片位置的表面。

④ 轻轻抬起胶带的一端,使其与构件表面大约成 $45°$,直到应变片在构件上可以任意调动方向。在应变片与构件的接缝处滴入 502 胶水,先将粘有应变片的胶带倾斜地铺在构件的上面,然后一边用蜡纸用力推压,一边逐渐地粘贴它。用力推压是为了使胶液蔓延在整个粘贴面上,赶出气泡,从而使应变片贴紧。用拇指按压在应变片的位置上,紧压一分钟,这样手指的压力和热量会使胶液加快固化。如果拇指一压就粘住了,表明这种 502 胶黏结性能很好。

⑤ 应变片粘贴好后,大约 2 min 以后就可以揭起透明胶带了。揭胶带要成很大角度(近180°),即反转过来叠在胶带上往下揭,这样容易使胶带同应变片分开。

4. 应变片导线的焊接

粘贴后的应变片要用导线与应变仪连接。应变片的输出端引线都很细,为了支撑与一端较粗较重的导线连接,在输出端附近最好粘贴一个接线端子,这个端子是一小块具有两个铜片的印刷电路板。将端子粘贴在试样表面,尽可能保证两个铜片与应变片方向一致,且应变片与端子之间的距离尽量小,以避免应变片引线与试样表面接触。

用焊料给端子镀锡,首先将端子的两个铜片表面均匀地涂上薄薄的一层松香,再将焊锡放在端子上,用电烙铁在端子的铜片上镀上一条均匀的焊锡层。

将应变片引线剪短到合适长度,用镊子将应变片引线搭在端子的焊锡上,然后将电烙铁放在上面,停留时间最好不要超过 2 s,否则会使得应变片过热而很容易导致引线脱落。

用工具将导线端头外皮剥掉,一般需剥去 5 ~ 10 mm 左右。然后,将导线端头搭在端子的焊锡上,再将电烙铁放在上面,停留时间最好不要超过 2 s。

导线的焊接应保证无虚焊、假焊,且无毛刺。已焊好的导线可考虑用透明胶带或橡皮膏将多股导线固定在构件上,以便在焊接过程中使它们不易移动,同时也可使它们与应变片的输出端保持良好的接触。

5. 贴片质量检查

对已充分固化并焊接好导线的应变片,在进行正式测试前需进行质量检查。外观检查主要检查应变片有无明显的损伤或粘贴不良。可以用万用表测量应变片的电阻值,来检查有无短路或断路。常见的贴片质量问题包括:应变片粘贴不良或固化不充分;应变片引线或导线金属部分露出过多,导致引线之间、导线之间搭接或者引线、导线与被测构件表面搭接;焊接虚焊和假焊等。

5.1.4　平面应力状态主应力测定原理

5.1.4.1　单向应力状态

若测点为单向应力状态,则可沿主应力方向贴一应变片,测出主应变 ε 后,由胡克定律 $\sigma = E\varepsilon$ 求得该点的主应力。

5.1.4.2　主应力方向已知的二向应力状态

测点处于二向应力状态,且其两个主应力方向已知时,只要在该点的两个主应力方向贴上应变片,测出相应的主应变 ε_1 和 ε_2。根据广义胡克定律有

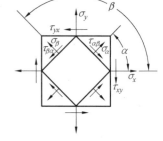

$$\varepsilon_1 = \frac{1}{E}(\sigma_1 - \mu\sigma_2)$$
$$\varepsilon_2 = \frac{1}{E}(\sigma_2 - \mu\sigma_1)$$

(5.2)

解出两个主应力为

图 5.1　一点的应力状态

$$\sigma_1 = \frac{E}{1-\mu^2}(\varepsilon_1 + \mu\varepsilon_2)$$
$$\sigma_2 = \frac{E}{1-\mu^2}(\varepsilon_2 + \mu\varepsilon_1)$$

(5.3)

5.1.4.3　主应力方向未知的二向应力状态

对于形状复杂的结构或构件,其受力后的主应力方向往往都是未知的,此时如果想确定主应变的大小,则需要利用应变分析理论中任意方向的应变与主应变之间的关系来求解。

假设在平面应力状态下,如图 5.2 所示的单元体,受到 σ_x、σ_y 和 γ_{xy} 作用,其边长为 x 和 y,对角线的长度为 l。此时与 x 轴方向成 θ 角的任意方向的应变为 ε_θ,即图中对角线长度 l 的变化量。由 ε_x 引起的 ε_θ 记为 ε_θ^x,相应定义为

$$\varepsilon_x = \frac{\Delta x}{x}$$

$$\varepsilon_\theta^x = \frac{\Delta l}{l} \tag{5.4}$$

式中　　Δx——x 的伸长量;

　　　　Δl——l 的伸长量。

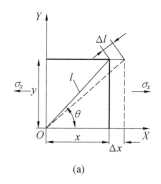
(a)
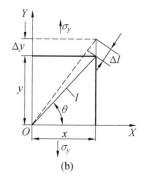
(b)
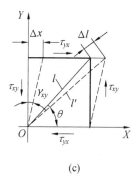
(c)

图 5.2　平面应力状态下单元体的变形

根据图 5.2(a) 中的几何关系可知

$$l = \frac{x}{\cos \theta}$$

$$\Delta l = \Delta x \cos \theta \tag{5.5}$$

将式(5.5)代入式(5.4)可得

$$\varepsilon_\theta^x = \varepsilon_x \cos^2 \theta \tag{5.6}$$

若把 ε_y 引起的 ε_θ 记为 ε_θ^y,γ_{xy} 引起的 ε_θ 记为 ε_θ^{xy},参照图 5.2(b)、(c) 的几何关系,还可得到

$$\varepsilon_\theta^y = \varepsilon_y \sin^2 \theta$$

$$\varepsilon_\theta^{xy} = \gamma_{xy} \sin \theta \cos \theta \tag{5.7}$$

当 ε_x、ε_y 和 γ_{xy} 同时作用时,则对角线 l 的总应变为

$$\varepsilon_\theta = \varepsilon_\theta^x + \varepsilon_\theta^y + \varepsilon_\theta^{xy} = \varepsilon_x \cos^2 \theta + \varepsilon_y \sin^2 \theta + \gamma_{xy} \sin \theta \cos \theta \tag{5.8}$$

利用三角函数的倍角公式,对上式进行变换,可得

$$\varepsilon_\theta = \frac{\varepsilon_x + \varepsilon_y}{2} + \frac{\varepsilon_x - \varepsilon_y}{2} \cos 2\theta + \frac{\gamma_{xy}}{2} \sin 2\theta \tag{5.9}$$

上式中含有 3 个未知数 ε_x、ε_y 和 γ_{xy}。在电测实验中,粘贴一片应变片可测得应变片轴向的应变值 ε_θ。若想求解出全部 3 个未知数,可沿一点的 3 个不同方向 θ_1、θ_2 和 θ_3 贴片,可得式(5.9)的 3 个方程:

$$\varepsilon_{\theta_1} = \frac{\varepsilon_x + \varepsilon_y}{2} + \frac{\varepsilon_x - \varepsilon_y}{2}\cos 2\theta_1 + \frac{\gamma_{xy}}{2}\sin 2\theta_1$$

$$\varepsilon_{\theta_2} = \frac{\varepsilon_x + \varepsilon_y}{2} + \frac{\varepsilon_x - \varepsilon_y}{2}\cos 2\theta_2 + \frac{\gamma_{xy}}{2}\sin 2\theta_2 \qquad (5.10)$$

$$\varepsilon_{\theta_3} = \frac{\varepsilon_x + \varepsilon_y}{2} + \frac{\varepsilon_x - \varepsilon_y}{2}\cos 2\theta_3 + \frac{\gamma_{xy}}{2}\sin 2\theta_3$$

由联立方程组(5.10)即可求出 ε_x、ε_y 和 γ_{xy}。

由式(5.9)可知，ε_θ 是随着 θ 的变化而改变的，ε_θ 的极值就是一点的主应变值，而此时的 θ 角就是主方向与坐标轴的夹角，记为 θ_0。按照函数极值的一般求法，对式(5.9)求导，并使其等于零，即

$$\frac{\mathrm{d}\varepsilon_{\theta_0}}{\mathrm{d}\theta_0} = -(\varepsilon_x - \varepsilon_y)\sin 2\theta_0 + \gamma_{xy}\cos 2\theta_0 = 0 \qquad (5.11)$$

从而有

$$\tan 2\theta_0 = \frac{\gamma_{xy}}{\varepsilon_x - \varepsilon_y}$$

$$\sin 2\theta_0 = \pm \frac{\gamma_{xy}}{\sqrt{(\varepsilon_x - \varepsilon_y)^2 + \gamma_{xy}^2}} \qquad (5.12)$$

$$\cos 2\theta_0 = \pm \frac{\varepsilon_x - \varepsilon_y}{\sqrt{(\varepsilon_x - \varepsilon_y)^2 + \gamma_{xy}^2}}$$

将式(5.12)代入式(5.9)，即可得到主应变为

$$\varepsilon_1 = \frac{\varepsilon_x + \varepsilon_y}{2} + \frac{\sqrt{(\varepsilon_x - \varepsilon_y)^2 + \gamma_{xy}^2}}{2}$$

$$\varepsilon_2 = \frac{\varepsilon_x + \varepsilon_y}{2} - \frac{\sqrt{(\varepsilon_x - \varepsilon_y)^2 + \gamma_{xy}^2}}{2} \qquad (5.13)$$

主方向可由下式确定：

$$\theta_0 = \frac{1}{2}\arctan \frac{\gamma_{xy}}{\varepsilon_x - \varepsilon_y} \qquad (5.14)$$

得到主应变及主方向后，通过广义胡克定律，即可算出主应力的大小。

在实际的测量中，一般为了方便计算，3 个应变片与 x 轴的夹角通常选用一些特殊的角度，如 0°、45°、60° 及 90° 等角度。为了确保贴片方向的准确，一般使用应变花。应变花是两个或两个以上应变片的组合，各应变片按一定的角度排放并固定在同一基底上。几种常用的应变花如图 5.3 所示。

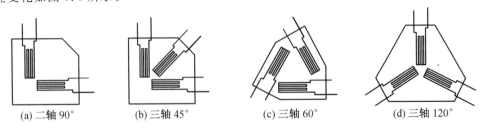

(a) 二轴 90°　　　　(b) 三轴 45°　　　　(c) 三轴 60°　　　　(d) 三轴 120°

图 5.3　应变花

二轴 90° 应变花一般用于主应力方向已知的场合，三轴或四轴的应变花则用于主应力方向未知的场合。常用的应变花应力计算公式列于表 5.1 中。

表 5.1　应变花应力计算公式

求解＼应变花形式	形式一	形式二	形式三	形式四
最大主应力 $\sigma_{\max}$	$\dfrac{E}{1-\mu^2}(\epsilon_1+\mu\epsilon_2)$	$\dfrac{E}{2}\left\{\dfrac{\epsilon_1+\epsilon_3}{1-\mu}+\dfrac{1}{1+\mu}\cdot\sqrt{(\epsilon_1-\epsilon_3)^2+[2\epsilon_2-(\epsilon_1+\epsilon_3)]^2}\right\}$	$E\left[\dfrac{\epsilon_1+\epsilon_2+\epsilon_3}{3(1-\mu)}+\dfrac{1}{1+\mu}\cdot\sqrt{\left(\epsilon_1-\dfrac{\epsilon_1+\epsilon_2+\epsilon_3}{3}\right)^2+\left(\dfrac{\epsilon_2-\epsilon_3}{\sqrt3}\right)^2}\right]$	$\dfrac{E}{2}\left[\dfrac{\epsilon_1+\epsilon_4}{1-\mu}+\dfrac{1}{1+\mu}\cdot\sqrt{(\epsilon_1-\epsilon_4)^2-\dfrac{4}{3}(\epsilon_2-\epsilon_3)^2}\right]$
最小主应力 $\sigma_{\min}$	$\dfrac{E}{1-\mu^2}(\epsilon_2+\mu\epsilon_1)$	$\dfrac{E}{2}\left\{\dfrac{\epsilon_1+\epsilon_3}{1-\mu}-\dfrac{1}{1+\mu}\cdot\sqrt{(\epsilon_1-\epsilon_3)^2+[2\epsilon_2-(\epsilon_1+\epsilon_3)]^2}\right\}$	$E\left[\dfrac{\epsilon_1+\epsilon_2+\epsilon_3}{3(1-\mu)}-\dfrac{1}{1+\mu}\cdot\sqrt{\left(\epsilon_1-\dfrac{\epsilon_1+\epsilon_2+\epsilon_3}{3}\right)^2+\left(\dfrac{\epsilon_2-\epsilon_3}{\sqrt3}\right)^2}\right]$	$\dfrac{E}{2}\left[\dfrac{\epsilon_1+\epsilon_4}{1-\mu}-\dfrac{1}{1+\mu}\cdot\sqrt{(\epsilon_1-\epsilon_4)^2-\dfrac{4}{3}(\epsilon_2-\epsilon_3)^2}\right]$
最大剪应力 $\tau_{\max}$	$\dfrac{E}{2(1+\mu)}(\epsilon_1-\epsilon_2)$	$\dfrac{E}{2(1+\mu)}\cdot\sqrt{(\epsilon_1-\epsilon_3)^2+[2\epsilon_2-(\epsilon_1+\epsilon_3)]^2}$	$\dfrac{E}{1+\mu}\cdot\sqrt{\left(\epsilon_1-\dfrac{\epsilon_1+\epsilon_2+\epsilon_3}{3}\right)^2+\left(\dfrac{\epsilon_2-\epsilon_3}{\sqrt3}\right)^2}$	$\dfrac{E}{2(1+\mu)}\cdot\sqrt{(\epsilon_1-\epsilon_4)^2+\dfrac{4}{3}(\epsilon_2-\epsilon_3)^2}$
最大主应力与第一号应变片间的夹角 φ_ρ	0	$\dfrac{1}{2}\arctan\left[\dfrac{2\epsilon_2-(\epsilon_1+\epsilon_3)}{\epsilon_1-\epsilon_3}\right]$	$\dfrac{1}{2}\arctan\left[\dfrac{\dfrac{1}{\sqrt3}(\epsilon_2-\epsilon_3)}{\epsilon_1-\dfrac{\epsilon_1+\epsilon_2+\epsilon_3}{3}}\right]$	$\dfrac{1}{2}\arctan\dfrac{2\epsilon_2-\epsilon_3}{\sqrt3(\epsilon_1-\epsilon_4)}$

5.1.5　内力分离

工程中有一些构件,常处于复杂应力状态下工作,其一点某一方向的变形为组合变形,如拉－弯、拉－扭、弯－扭、拉－弯－扭等组合变形。如需测量其中某一种变形在构件中产生的应力,通过合理的布置应变片的位置和粘贴方位,并采用正确的电桥接法,就可以将这种应变单独测量出来,进而计算出相应的应力,这就是应变电测实验中的内力分离。下面通过一受扭矩和拉力共同作用的圆轴为例进行说明。

需要解决的问题:圆轴受扭矩和拉力共同作用,试通过合适的应变片布片位置的选择和电桥接法将扭矩和拉力这两种内力分离开来。

1.测扭矩 T 产生的应变

圆轴受扭时,圆表面各点将产生最大扭转切应力,其应力状态为纯剪切应力状态,主应力方向与轴线成 $\pm 45°$(图 5.4)。测量扭转切应力时,应将应变片沿主应力方向粘贴,根据测得的主应力再换算成切应力。

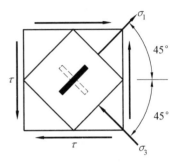

图 5.4　圆轴扭转的应力分析

图 5.5(a)、(b) 分别是拉扭组合变形下测量切应力时的布片图及贴片位置展开图。以 ε_{iF} 和 ε_{iT} 分别表示由拉力 F 和扭矩 T 各自产生的应变,可知

$$\varepsilon_{1T} = \varepsilon_{3T} = -\varepsilon_{2T} = -\varepsilon_{4T}$$

$$\varepsilon_{1F} = \varepsilon_{2F} = \varepsilon_{3F} = \varepsilon_{4F}$$

(5.15)

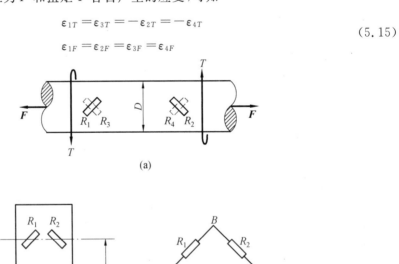

(a)

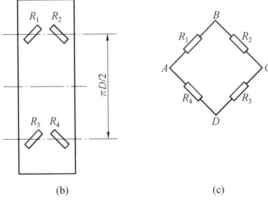

(b)　　　　　　　　　　(c)

图 5.5　拉扭组合变形下,测量扭转切应力时的应变片布置和电桥接法

则各点所对应的应变为

$$\varepsilon_1 = \varepsilon_{1F} + \varepsilon_{1T}$$

$$\varepsilon_2 = \varepsilon_{2F} + \varepsilon_{2T} = \varepsilon_{1F} - \varepsilon_{1T}$$

$$\varepsilon_3 = \varepsilon_{3F} + \varepsilon_{3T} = \varepsilon_{1F} + \varepsilon_{1T} \tag{5.16}$$

$$\varepsilon_4 = \varepsilon_{4F} + \varepsilon_{4T} = \varepsilon_{1F} - \varepsilon_{1T}$$

将应变片按图 5.5(c) 接入全桥,可得

$$\varepsilon_{读} = \varepsilon_1 - \varepsilon_2 + \varepsilon_3 - \varepsilon_4 = 4\varepsilon_{1T} \tag{5.17}$$

此时,应变仪读数仅与扭矩 T 有关,而与拉力无关,且桥臂系数为 4(仪器读出的应变值与待测应变值之比称为桥臂系数,记作 α)。

由此圆轴扭转时,其主应变为 $\varepsilon_1 = -\varepsilon_3 = \dfrac{\varepsilon_{读}}{4}$,对应的主应力和切应力为

$$\sigma_1 = -\sigma_3 = \tau = \frac{E}{1-\mu^2}(\varepsilon_1 + \mu\varepsilon_3) =$$

$$\frac{E}{1-\mu^2}\left(\frac{\varepsilon_{读}}{4} - \mu\frac{\varepsilon_{读}}{4}\right) = \frac{E}{4(1+\mu)}\varepsilon_{读} \tag{5.18}$$

2.测拉力 F 产生的应变

测量由拉力 F 产生的正应力的应变片布置和电桥接法如图 5.6 所示,图中 R_t 是温度补偿片。

此时

$$\varepsilon_{1F} = \varepsilon_{2F}, \quad \varepsilon_{1T} = \varepsilon_{2T} = 0 \tag{5.19}$$

各测点所对应的应变为

$$\varepsilon_1 = \varepsilon_{1F}, \quad \varepsilon_2 = \varepsilon_{2F} \tag{5.20}$$

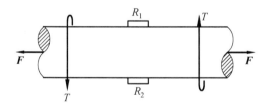 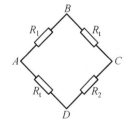

图 5.6 拉扭组合变形下,测量拉伸正应力时的应变片布置和电桥接法

按半桥接法可得

$$\varepsilon_{读} = \varepsilon_1 + \varepsilon_2 = 2\varepsilon_{1F} \tag{5.21}$$

显然,应变仪的读数与扭矩 T 无关,且桥臂系数等于 2。

通过电桥接法可以提高测量精度,并将组合变形中各应变成分分别测量出来。现将几种常见变形下的电桥接法列于表 5.2 中。

表 5.2　常见的贴片及组桥方法

变形形式	需测应变	应变片布片位置	电桥接法	桥臂系数
拉（压）	拉（压）			1
				$1+\mu$
扭转	扭转主应变			4
				1
				2
				2
弯曲	弯曲			2
				$1+\mu$
				1

续表 5.2

变形形式	需测应变	应变片布片位置	电桥接法	桥臂系数
拉（压）扭组合	拉（压）			$2(1+\mu)$
				$1+\mu$
				2
				1
	扭转主应变			4
				2

续表 5.2

变形形式	需测应变	应变片布片位置	电桥接法	桥臂系数
拉（压）弯组合	拉（压）	R_2、R_1 布片（M、F 作用）	R_1、R_t、R_t、R_2	2
			R_1、R_t、R_2、R_t	1
	弯曲	R_2、R_1 布片（M、F 作用）	R_1、R_2	2
弯扭组合	弯曲	R_2、R_1 布片（M、T 作用）	R_1、R_2	2
		R_1 布片（M、T 作用）	R_1、R_t	1
	扭转主应变	R_3、R_1、R_4、R_2 布片（M、T 作用）	R_1、R_2、R_4、R_3	4
		R_1、R_2 布片（M、T 作用）	R_1、R_2	2
		R_1、R_2 布片（M、T 作用）	R_1、R_t、R_t、R_2	2

续表 5.2

变形形式	需测应变	应变片布片位置	电桥接法	桥臂系数
拉（压）扭弯组合	拉（压）	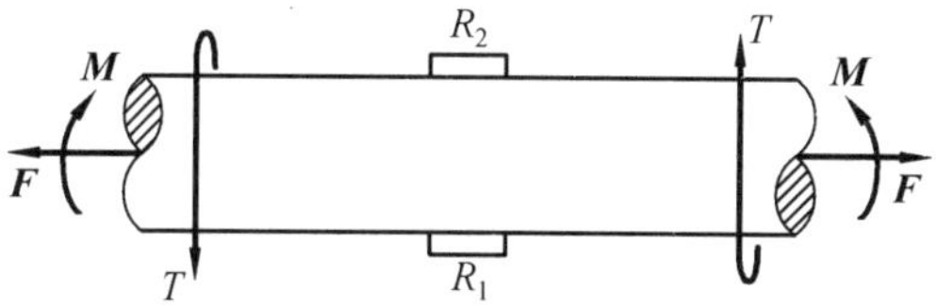	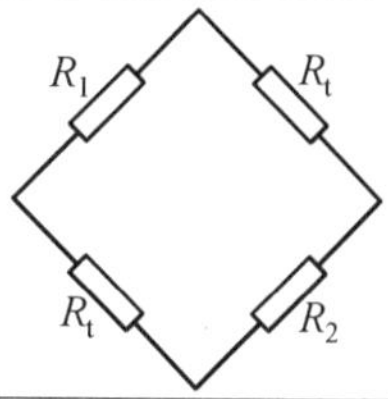	2
			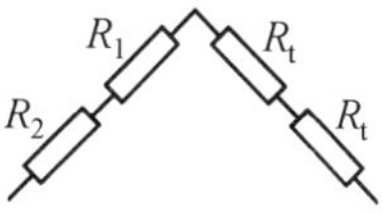	1
	弯曲	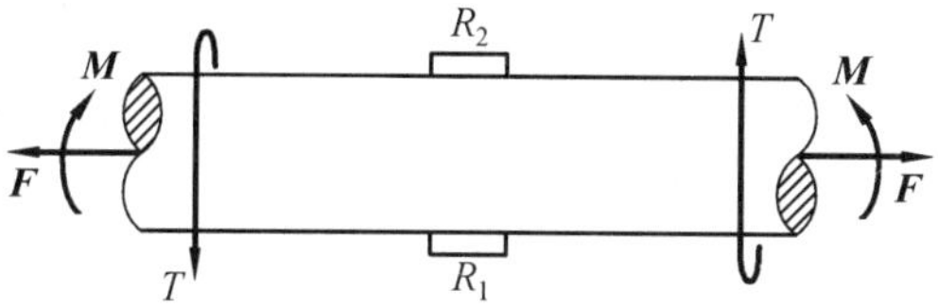	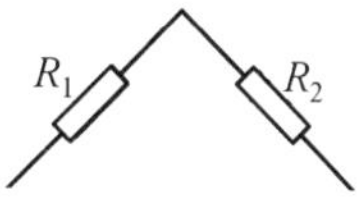	2
	扭转主应变	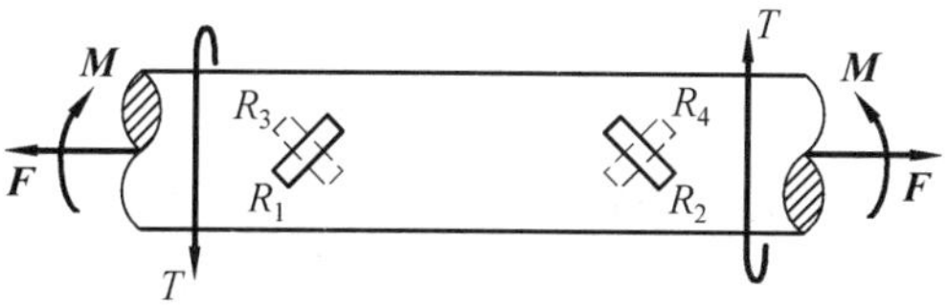	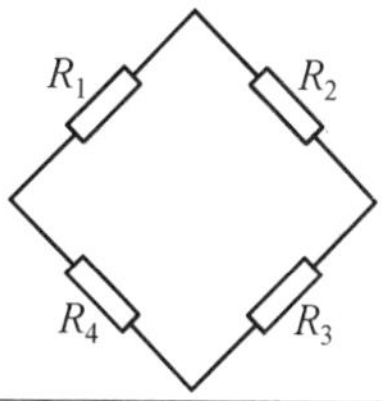	4
		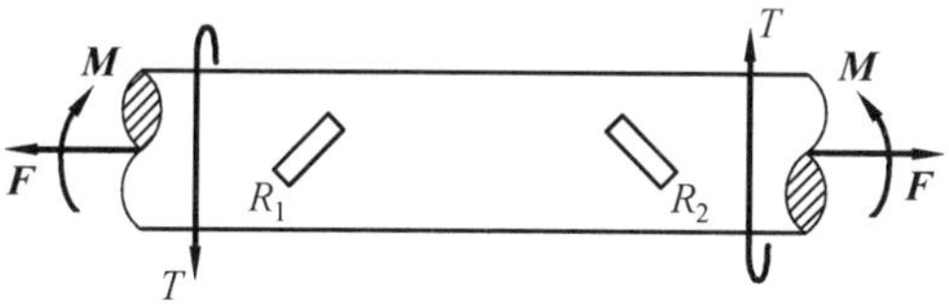	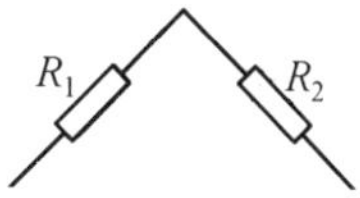	2

注：表中 R_t 为温度补偿片，μ 为构件材料的泊松比。

5.1.6　误差及修正

电测实验中产生误差的原因主要有以下几个方面：

① 应变片本身及其粘贴工艺引起的误差，如灵敏系数 K 的误差、应变片的电阻值不是标准值、应变片的横向效应、机械滞后、蠕变、应变片轴线与规定方向有偏离以及胶层厚度所引起的误差等。

② 应变仪本身产生的误差，如应变仪稳定性能不好、元器件老化等引起的误差。

③ 测试条件引起的误差，如长导线、有电磁场干扰、电容不平衡、周围湿度大等带来的误差。

④ 仪器标定条件与实测条件不完全一致引起的误差。

⑤ 其他方面，如测试现场范围较大，工作片与补偿片所处的温度场不均匀，以及动态测量时记录仪器方面引起的误差等。

常用的修正方法有以下几种：

1. 灵敏系数的修正

在实际测量过程中，所采用的应变片的灵敏系数可能与应变仪默认的灵敏系数存在不相同的情况，此时需在测试前将相应的应变片灵敏系数、接桥方式、应变片阻值等相关参数输入后，就可直接读取实际应变了。

2. 横向效应的修正

应变片因感受横向（垂直于敏感栅的纵向中心线）应变而产生电阻变化的现象，称为横向效应。应变片的横向效应大小用横向效应系数 H 来表征，并由实验测定。其方法是将两个应变片（取自同一批量）安装到能产生单向应变的标定试样上，其中片 1 沿单向应变方向安装，片 2 沿垂直于单向应变方向安装。使试样产生单向应变（约 $1\,000\,\mu\varepsilon$），此时片 2 与片 1 电阻变化率之比定义为应变片的横向效应系数 H，即

$$H = \frac{(\Delta R/R)_2}{(\Delta R/R)_1} \tag{5.22}$$

横向效应系数 H 的另一种定义方式可参见第 2 章中的电阻应变片的工作特性。

丝绕式电阻应变片的横向效应是由其连接相邻两丝的弧形部分所引起的。当丝式应变片的使用条件与其标定条件不同时，可能产生较大测量误差，需要考虑对测量结果进行修正。箔式应变片其圆弧部分尺寸较栅丝尺寸大得多，电阻值较小，因而电阻变化量也就小得多。因此，箔式应变片的横向效应可以忽略。

综上，在实际测试过程中应尽可能采用横向效应系数较小的应变片系列，如常见的金属箔式应变片，在实际测量当中可以不必考虑数据修正问题。在采用横向效应系数较大的应变片以及对于计算结果要求很严格时，才考虑横向效应影响的修正计算问题。

3. 应变片粘贴偏位的修正

应变片粘贴的实际方位很难保证在预定的基准方位上。例如，预定贴片的基准线与该点主应力方向（主方向）的夹角为 φ，如图 5.7 所示。则基准线方向应变与主方向应变之间的关系为

$$\varepsilon_\varphi = \frac{\varepsilon_1 + \varepsilon_2}{2} + \frac{\varepsilon_1 - \varepsilon_2}{2}\cos 2\varphi \tag{5.23}$$

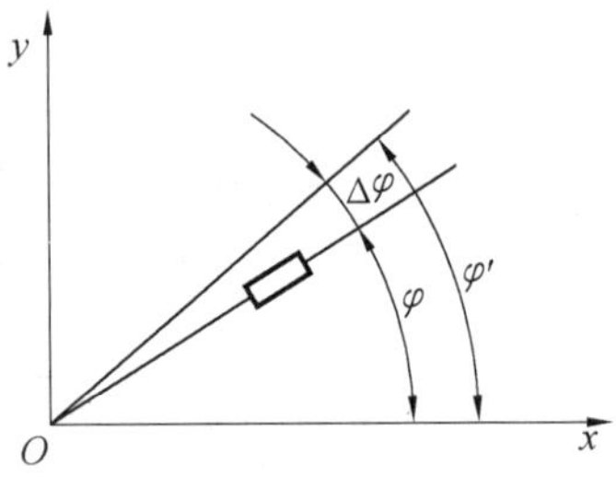

图 5.7　应变片粘贴方位误差

式中　　$\varepsilon_1, \varepsilon_2$—— 主应力方向上的应变。

若实际的粘贴方位与主方向间的夹角为 $\varphi' = \varphi + \Delta\varphi$，其应变关系式为

$$\varepsilon'_\varphi = \frac{\varepsilon_1 + \varepsilon_2}{2} + \frac{\varepsilon_1 - \varepsilon_2}{2}\cos 2(\varphi + \Delta\varphi) \tag{5.24}$$

由于粘贴方位不准所带来的误差为

$$\Delta\varepsilon_\varphi = \varepsilon_\varphi - \varepsilon'_\varphi = \frac{\varepsilon_1 + \varepsilon_2}{2}\left[\cos 2\varphi - \cos 2(\varphi + \Delta\varphi)\right] \tag{5.25}$$

简化后得

$$\Delta\varepsilon_\varphi = (\varepsilon_1 - \varepsilon_2)\sin(2\varphi + \Delta\varphi)\sin \Delta\varphi \tag{5.26}$$

可见，粘贴方位不准带来的误差，不仅与角偏差 $\Delta\varphi$ 有关，还与预定的粘贴方位与该点主应变方向的夹角 φ 有关。预定方位与主方向间的夹角越大，则角偏差带来的误差就越

大。所以当主方向已知时,沿主方向贴片误差最小,而沿 45°方向贴片误差为最大。例如,当夹角 $\varphi=45°,\Delta\varphi=5°$ 时角偏差带来的相对误差可达 32%。同理,若采用工厂生产的应变花,由于夹角准确,贴片后三个方向引起的角偏差相等。在小偏位角情况下,对于三轴 45°的应变花,0°方向应变片沿主方向(90°沿另一主方向)粘贴误差最小;对于三轴 60°的应变花,其误差等于零。所以,若主应变方向未知时,选用三轴 60°应变花比三轴 45°应变花的角偏差引起的误差要小。

4. 长导线电阻的修正

连接应变片的导线,其电阻相当于在桥臂上串联了一个电阻,在使用长导线测量应变时,导线电阻对测量应变的影响是不容忽视的,应进行修正。导线电阻 r 不随应变发生变化,导线电阻的存在必然降低电桥的输出,影响应变读数。下面以单臂测量的桥路连接为例介绍长导线电阻的修正方法。两根导线电阻 $2r$ 与应变片电阻 R 是串联在应变仪桥臂上的,而单臂测量时,虽然工作片感受的应变是相同的,但由于存在导线电阻,桥臂的相对电阻变化则减小,相当于降低灵敏系数,降低后的灵敏系数可按下式计算。

存在导线电阻时:

$$K'=\frac{\dfrac{\Delta R}{R+2r}}{\varepsilon} \tag{5.27}$$

无导线电阻时:

$$K=\frac{\dfrac{\Delta R}{R}}{\varepsilon} \tag{5.28}$$

根据应变相等,得

$$K'=\frac{R}{R+2r}K=\frac{1}{1+\dfrac{2r}{R}}K\approx\left(1-\frac{2r}{R}\right)K \tag{5.29}$$

根据已知导线电阻 r、应变片电阻 R 和灵敏系数 K 可计算修正后的 K'。测量时若各片的 K、R 及 r 都相同,只要将应变仪灵敏系数设置为 K',这时应变仪读数即为真实应变值。否则应按下述方法修正应变读数值:

$$\varepsilon_{读}=\frac{1}{K}\left(\frac{\Delta R}{R+2r}\right)=\left(\frac{R}{R+2r}\right)\left(\frac{1}{K}\cdot\frac{\Delta R}{R}\right)=\frac{R}{R+2r}\varepsilon \tag{5.30}$$

式中　　ε—— 真实应变值;

　　　　$\varepsilon_{读}$—— 应变仪应变读数值。

故

$$\varepsilon=\frac{R+2r}{R}\varepsilon_{读} \tag{5.31}$$

由上式可以看出,导线电阻降低了灵敏系数,致使测得的应变值偏小。按上述推导方法,可得到以下各桥路接法的灵敏系数的修正公式。

半桥接法:

$$K'\approx\left(1-\frac{r}{R}\right)K \tag{5.32}$$

全桥接法:

$$K' \approx \left(1 - \frac{2r}{R}\right)K \qquad (5.33)$$

可见,单臂与全桥四线接法的影响是相同的。

为了减小长导线的上述影响,通常采用三根导线的接法。先将工作片和补偿片的一端连成公共线,然后用长导线引至应变仪。再在工作片和补偿片的另一端分别各用一根长导线串联接入桥臂。这样,有一根长导线是接在桥臂之外的,可有效减小因导线过长带来的误差。

5. 应变片阻值的修正

这项修正依据具体仪器决定,由于各种应变仪线路不同,有的需要修正计算,有的则不需要(测试前将应变仪作一次标定即可)。一般来说,各种型号的电阻应变仪的使用说明书中,对应变片电阻值的适用范围作了规定。需要对测量读数进行修正的,都给出了相应的修正公式或修正曲线。使用时,根据应变片的电阻值和接线方法,由修正公式或修正曲线查出修正系数 K_r,再将读出的应变按下式修正:

$$\varepsilon = K_r \varepsilon_{读} \qquad (5.34)$$

5.2　电测法测量材料的弹性模量及泊松比

拉伸实验中得到的屈服强度 R_{eL} 和强度极限 R_m 反映了材料对外载荷的承受能力,而断后延伸率 A 与截面收缩率 Z 反映了材料塑性变形的能力。为了表示材料在弹性范围内抵抗变形的能力,在实际工程结构中,材料弹性模量的意义通常是通过构件的刚度体现出来的。这是因为一旦构件按应力设计定型,在弹性变形范围内的服役过程中,是以其所受载荷而产生的变形量来判断其刚度的。一般以引起单位应变的载荷 EA_0 来定义材料的刚度,即

$$\frac{F}{\varepsilon} = \frac{\sigma A_0}{\varepsilon} = EA_0 \qquad (5.35)$$

式中　A_0——试件的横截面面积。

由上式可见,要想提高构件的刚度 EA_0,就要减少构件的弹性变形。因此,可选用高弹性模量的材料和适当加大承载结构的横截面面积。刚度的重要性在于它决定了构件服役时的稳定性,对细长杆件和薄壁构件尤为重要。对于结构重量没有严格限制的地面装置,在大多数情况下是可以用增大截面的方法来提高刚度的。但在航空及航天结构中,往往既要提高刚度又要减轻重量,所以在选材时还要利用"比刚度"(即刚度与密度的比值)来衡量材料的刚度。因此,对于构件的理论分析和设计计算来说,弹性模量 E 是一个非常重要的力学性能指标。

5.2.1　实验目的

① 了解电测法的基本原理并初步掌握测量方法及操作。
② 在比例极限内测定某种材料的弹性模量 E 及泊松比 μ。

5.2.2　实验原理

设试件横截面面积为 A_0,试件长度为 L_0,加载方式和应变片布置如图 5.8 所示。实验

采用等级增量加载法,设载荷增量为 ΔF。在 ΔF 下,纵向应变 ε_y 的平均值为 $\Delta \varepsilon_y$,则由胡克定律,该材料的弹性模量 E 为

$$E = \frac{\Delta F}{A_0 \Delta \varepsilon_y} \tag{5.36}$$

材料受拉伸或压缩时,不仅沿纵向发生变形,在横向也会同时发生变形。在弹性变形范围内,横向应变 ε_x 和纵向应变 ε_y 成正比关系,这一比值的绝对值称为材料的泊松比 μ,即

$$\mu = \left| \frac{\varepsilon_x}{\varepsilon_y} \right| \tag{5.37}$$

5.2.3　实验仪器设备

① 材料万能试验机。

② 静态电阻应变仪。

③ 游标卡尺。

5.2.4　实验步骤

① 导线连接。图 5.8 所示为布片方案,左、右两面的轴向应变片及横向应变片均作为工作片。根据实验前设计的组桥方式和应变仪的使用说明(参见本章第 5.8 节)进行接线。

② 根据试件的材料力学性能确定最大载荷 $F_{\max}$ 的限制及加载差值 ΔF。

③ 按设计的组桥方式分别进行实验,测量各载荷下的应变值。

④ 按公式(5.36)及(5.37)计算出材料的弹性模量 E 及泊松比 μ。

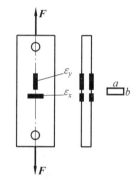

图 5.8　应变片布置示意图

⑤ 实验结束后,清理实验现场,整理试验台,将所用仪器设备复原,实验原始数据交指导教师检查签字。

注意事项:

① 为保证实验结果的准确性,夹持试件时应避免试件偏心受拉。

② 加载速度不宜过快,并注意观察每增加一级载荷时,各测点应变是否按线性变化,实验至少重复两次,如果数据稳定,重复性好即可。

③ 加载前应变仪的灵敏系数 $K_{仪}$ 一定与应变片的灵敏系数 K 相同。

④ 各测点应变片的引出导线应放好,避免加载时拉断。

5.2.5　数据处理

① 将加载过程中各工作片的应变值记录在预先画好的记录数据的表格内。

② 绘制 $\sigma - \varepsilon_y$ 曲线,采用最小二乘法或其他数据处理方法对数据进行线性拟和,由曲线的斜率即可确定弹性模量 E 的值。

③ 泊松比利用公式(5.37)计算。

5.2.6　实验要求

① 应做好充分的预习,预习报告应包含实验名称、实验目的、实验原理、操作步骤、计算公式、数据记录表格(可自行设计) 等内容。

② 认真阅读本书中有关第 2 章应变式传感器及第 5 章应变电测技术基础的内容,理解试件产生的应变是如何通过应变仪测量的转变过程。

③ 根据图 5.8 所示的布片方案,左、右两面的轴向应变片及横向应变片均作为工作片,实验前独立设计两种组桥方式,写出测试方案。

5.2.7　思考题

① 试件尺寸、形状对测定弹性模量 E 及泊松比 μ 有无影响? 为什么?

② 为什么要在试件的两侧都粘贴电阻应变片? 只粘贴一面行吗? 为什么?

③ 可否采用其他布片方式? 试自行设计实验方案并测量弹性模量 E 及泊松比 μ,比较不同布片方式和组桥方式测试的优缺点。

5.3　纯弯曲梁正应力分布测试实验

梁弯曲变形时,其横截面上会产生弯曲正应力,测定梁弯曲正应力分布规律,了解梁约束对弯曲正应力的影响,使学生对弯曲理论有进一步的了解。

5.3.1　实验目的

① 测定梁在纯弯曲时某一截面上的应力及其分布情况。

② 观察梁在纯弯曲情况下所表现的胡克定律,从而判断平面假设的正确性。

③ 进一步熟悉电测法的原理并掌握多点测量方法。

④ 实验结果与理论值比较,分析误差产生的原因。

5.3.2　实验原理

本实验采用铝合金制成的箱形截面梁作为试件,实验装置如图 5.9 所示。该实验装置是通过在副梁端部悬挂的托盘上放置砝码,给主梁施加集中载荷。已知每块砝码重量为 5 N,所加砝码的重量通过副梁及挂杆以 1:16 的比例作用在主梁上。

本实验中,学生需自行设计贴片和加载方案,根据胡克定律,计算出梁在纯弯曲时某一截面上各点的应力值:

$$\sigma_{i实} = E \times \Delta\varepsilon_{i实} \tag{5.38}$$

式中　　$\sigma_{i实}$ —— 欲求应力点的应力实验值;

　　　　$\Delta\varepsilon_{i实}$ —— 在载荷 ΔF 作用下,欲求应力点的应变值。

根据材料力学中提供的公式,梁纯弯曲时正应力的理论值为

$$\sigma_{i理} = \frac{My_i}{I_z} \tag{5.39}$$

式中　　M —— 作用在横截面上的弯矩;

I_z—— 横截面对其中性轴 z 的惯性矩；

y_i—— 欲求应力点到中性轴的距离。

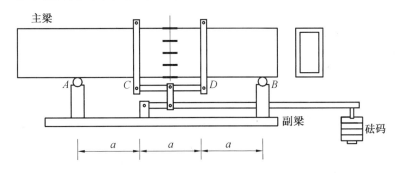

图 5.9　纯弯曲正应力实验测试装置示意图

本实验中所采用的试件为空心薄壁矩形截面梁，因此惯性矩 I_z 应按下式计算：

$$I_z = \frac{b_1 h_1^3 - b_2 h_2^3}{12} \tag{5.40}$$

式中　　b_1—— 试件矩形横截面外部宽度；

h_1—— 试件矩形横截面外部高度；

b_2—— 试件矩形横截面内壁宽度；

h_2—— 试件矩形横截面内壁高度。

将理论值与实验值比较，算出截面上各测点 i 的正应力实验值与理论值的相对误差，以验证弯曲正应力公式的正确性。相对误差的计算公式为

$$\eta_i = \left| \frac{\sigma_{i理} - \sigma_{i实}}{\sigma_{i理}} \right| \times 100\% \tag{5.41}$$

5.3.3　实验仪器设备

① 弯曲加载实验台架。

② 静态电阻应变仪。

③ 游标卡尺和卷尺。

④ 数字式万用电表。

⑤ 单向应变片。

⑥ 黏结和焊接材料、辅料及辅助工具。

5.3.4　实验步骤

① 用游标卡尺和钢卷尺测量梁横截面的尺寸，以及载荷作用点到梁支点的距离 a。

② 根据梁的尺寸和加载形式，估算实验时能施加的最大载荷 F_{max}，并根据砝码重量，按 5 级以上的增量级数确定分级载荷差值 ΔF。

③ 粘贴电阻应变片，焊接引出线。

④ 将各测点的工作应变片导线和温度补偿片导线接到应变仪的相关接线柱上（注意导线连接要牢靠，各接线柱必须旋紧）。然后根据电阻应变片的灵敏系数 K 值，调整电阻应变仪的灵敏系数，使之与电阻应变片的灵敏系数相对应，再逐步将各测点调零。

⑤ 正式加载测试,每次加载后都要逐点测量并记录其应变读数,直到全部测点测完为止。

⑥ 实验结束后,清理实验现场,整理试验台,将所用仪器设备复原,实验原始数据交指导教师检查签字。

5.3.5　数据处理

① 根据测得的各点应变,应用胡克定律算出各点应力的实验值。

② 根据公式(5.39)计算出各测点的理论应力。

③ 比较实测值与理论值,并根据公式(5.41)计算出截面上各测点应力的实验值与理论值的相对误差。对位于梁中性层处的测点因其 $\sigma_{理}=0$,故仅需计算其绝对误差。

5.3.6　实验要求

① 课前进行充分的预习,预习报告应包含实验名称、实验目的、实验原理、操作步骤、计算公式、数据记录表格(需自行设计)等内容。

② 认真阅读本书中有关应变电测技术基础的内容,理解试件产生的应变是如何通过应变仪转变的测量过程。

③ 测量主梁尺寸、弯矩力臂等相关尺寸。

④ 自行设计主梁及副梁的安放位置,并对主梁进行受力分析,通过主梁的内力图确定试件处于纯弯曲状态的部分。在主梁的纯弯曲段内,自行设计贴片方案、组桥方式等实验方案,确定工作片及温度补偿片的粘贴位置,测定梁在纯弯曲时某一截面上的应力及其分布情况。

5.3.7　思考题

① 图 5.9 中应变片粘贴的位置稍上一点或稍下一点对测量结果有无影响? 为什么?

② 胡克定律 $\sigma = E\varepsilon$ 是在拉伸的情况下建立的,这里计算弯曲应力时为什么仍然可用?

③ 试分析产生误差的原因。

5.4　弯扭组合变形的主应力和内力测定实验

5.4.1　实验目的

① 分析杆件承受弯扭组合作用时横截面上应力的分布规律。

② 掌握用实验的方法测定平面应力状态下主应力的大小和方向。

③ 学习并掌握应变片的布片原则和组桥方法,并学会应变成分的分析与分离。

5.4.2　实验原理

弯扭组合变形任一截面(如 Ⅰ－Ⅱ 截面)上 b 点的应力状态如图 5.10(b)所示,根据理论分析可知,弯曲正应力为

$$\sigma = \frac{M}{W} = \frac{Fl_{\text{I}-\text{I}}}{\pi D^3 (1 - \alpha^4)/32} \tag{5.42}$$

式中　　α——$\alpha = d/D$；

　　　　D—— 薄壁圆筒外径；

　　　　d—— 薄壁圆筒内径。

　　扭转切应力为

$$\tau_t = \frac{T}{W_P} = \frac{Fh}{\pi D^3 (1 - \alpha^4)/16} \tag{5.43}$$

　　由此根据平面应变理论计算可得主应力 $\sigma_1, \sigma_2, \sigma_3$ 和主方向 α_0 的理论值。

　　据平面应变分析理论知，若某点任意三个方向的线应变已知，就能计算出该点的主应变和主方向，从而计算出该点的主应力和主方向。因此，测量某点的主应力和主方向时，必须在测点布置 3 枚应变片，工程中常用应变花测定。常见的应变花有直角（或 45°）应变花和等角应变花，如图 5.10(c) 所示。在图 5.10(a) 中的 I—I 截面的 b、d 或 a、c，即采用了 45° 应变花（或等角应变花）进行测量，其展开图如图 5.10(c) 所示。

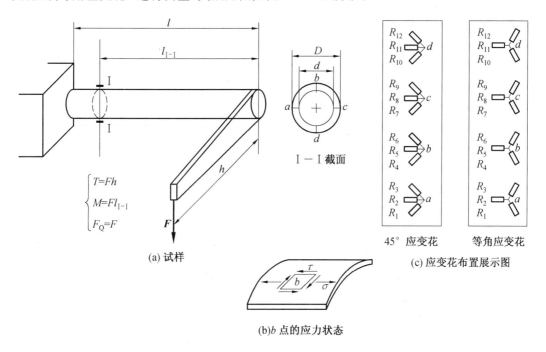

(a) 试样

(b)b 点的应力状态

(c) 应变花布置展示图

图 5.10　薄壁圆筒弯扭组合变形实验装置

　　采用单臂接法，温度公共补偿，等量逐级加载。在每一载荷作用下，分别测得 b、d（或 a、c）两点沿 $-45°$、$0°$、和 $45°$ 方向的应变值 $\varepsilon_{-45°}$、$\varepsilon_{0°}$ 和 $\varepsilon_{45°}$（或 $\varepsilon_{0°}$、$\varepsilon_{60°}$ 和 $\varepsilon_{120°}$）后，将测量结果记录在实验记录表中。由应变分析和应力分析理论知，可用下列公式计算出 b、d 两点的主应力大小和方向：

$$\left.\begin{array}{r}\sigma_1 \\ \sigma_3\end{array}\right\} = \frac{E}{2}\left[\frac{1}{1-\mu}(\varepsilon_{45°} + \varepsilon_{-45°}) \pm \frac{\sqrt{2}}{1+\mu}\sqrt{(\varepsilon_{0°} - \varepsilon_{-45°})^2 + (\varepsilon_{45°} - \varepsilon_{0°})^2}\right] \tag{5.44}$$

$$\tan 2\alpha_0 = \frac{\varepsilon_{45°} - \varepsilon_{-45°}}{2\varepsilon_{0°} - \varepsilon_{45°} - \varepsilon_{-45°}} \tag{5.45}$$

若用等角应变花进行测量,测得 $\varepsilon_{0°}$、$\varepsilon_{60°}$ 和 $\varepsilon_{120°}$ 后,可按下列公式计算主应力和主方向:

$$\left.\begin{array}{c}\sigma_1\\\sigma_3\end{array}\right\}=\frac{E}{3(1-\mu)}(\varepsilon_{0°}+\varepsilon_{60°}+\varepsilon_{120°})\pm$$

$$\frac{\sqrt{2}E}{3(1+\mu)}\sqrt{(\varepsilon_{0°}-\varepsilon_{60°})^2+(\varepsilon_{60°}-\varepsilon_{120°})^2+(\varepsilon_{120°}-\varepsilon_{0°})^2} \tag{5.46}$$

$$\tan 2\alpha_0=\sqrt{3}\,\frac{(\varepsilon_{0°}-\varepsilon_{120°})-(\varepsilon_{0°}-\varepsilon_{60°})}{(\varepsilon_{0°}-\varepsilon_{120°})+(\varepsilon_{0°}-\varepsilon_{60°})} \tag{5.47}$$

5.4.3　实验仪器设备

① 多功能力学试验台。

② 静态电阻应变仪。

③ 游标卡尺和卷尺。

④ 数字式万用电表。

⑤ 单向应变片。

⑥ 黏结和焊接材料、辅料及辅助工具。

5.4.4　实验步骤

① 测量圆轴的内、外直径及长度 l_{1-1}(测点到加力点的垂直距离)、h(加力点到圆轴中线的距离),如图 5.10 所示。

② 根据材料的容许应力,估算最大载荷,并确定载荷增量 ΔF 及加载次数。

③ 选择测点,在该测点的不同方向上确定粘贴单向应变片位置,组成应变花。实验方案自行设计。

④ 粘贴单向应变片,焊接引出线(参见 5.1.3)。

⑤ 将各测点的工作应变片导线和温度补偿片导线接到应变仪的相关接线柱上(注意导线连接要牢靠,各接线柱必须旋紧)。然后根据电阻应变片的灵敏系数 K 值,调整电阻应变仪的灵敏系数,使之与电阻应变片的灵敏系数相对应,再逐步将各测点调零。

⑥ 正式加载测试,每次加载后都要逐点测量并记录其应变读数,直到全部测点测完为止。

⑦ 实验结束后,清理实验现场,整理试验台,将所用仪器设备复原,实验原始数据交指导教师检查签字。

注意事项:

① 测试截面及测点的选择由学生自行确定,但应包括最大正应力所在的点及最大切应力所在的点。

② 利用单向应变片测一点三个不同方向的应变,要注意粘贴的方向和位置的准确,并使应变片轴线的延伸线汇聚于一点,同时要使各应变片尽可能靠近该点。

③ 测量尺寸时要细心、准确。

5.4.5　数据处理

① 根据拟定的表格测出各点应变,并计算出差值。

② 计算各测点的主应变。

③ 由应力状态理论计算各测点的主应力及其方向,并将理论值与实验值相比较计算各测点的相对误差。

5.4.6　实验要求

① 课前进行充分的预习,预习报告应包含实验名称、实验目的、实验原理、操作步骤、计算公式、数据记录表格(需自行设计) 等内容。

② 认真阅读本书中有关应变电测技术基础的内容,理解试件产生的应变是如何通过应变仪转变的测量过程。

③ 自行确定贴片方案、组桥方式等实验方案。

5.4.7　思考题

① 主应力测量中,应变花是否可沿任意方向布置? 为什么?

② 测量值的误差主要是由哪些因素引起的? 分析引起误差的原因。

5.5　偏心拉伸内力及偏心矩的测定实验

5.5.1　实验目的

① 学习组合载荷作用下的内力测定。

② 测定偏心拉伸试样的偏心距 e。

5.5.2　实验原理

在外载荷作用下,试件承受偏心拉伸,偏心距为 e。因此,横截面上既有轴力、又有弯矩,相应就有拉伸正应力和弯曲正应力作用。采取适当的布片和组桥,可以将组合载荷作用下各内力产生的应变单独测量出来,从而计算出相应的应力。

由第 2 章公式(2.31)可知,在全桥测量时,邻桥应变相减,对桥应变相加。即:相邻两臂应变符号相同时,仪器读数互相抵销;应变符号相异时,仪器读数绝对值是两者绝对值之和。相对两臂应变符号相同时,仪器读数绝对值是两者绝对值之和;应变符号相异时,仪器读数互相抵消。此性质称为电桥的加减特性。利用此特性,可以分别测量出各内力产生的应变,进一步求得最大正应变,进而计算出相应的内力和应力。

在试件中部两侧面的 a,b 点和 c,d 点处分别沿试件纵向和横向粘贴应变片 R_a,R_b 和 R_c,R_d。另外,在与试件材质相同但不受载荷作用的试块上粘贴温度补偿片,用于组桥。根据力学分析可知,应变片 R_a 和 R_b 均感受由拉伸和弯曲两种变形引起的应变,即

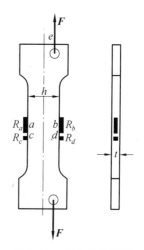

图 5.11　偏心拉伸试样

$$\varepsilon_a = \varepsilon_F - \varepsilon_M$$
$$\varepsilon_b = \varepsilon_F + \varepsilon_M \tag{5.48}$$

式中 ε_F、ε_M——拉伸应变和弯曲应变的绝对值。

若如图 5.12 组成全桥,则由式(5.48)得

$$\varepsilon_{读} = \varepsilon_a + \varepsilon_b = 2\varepsilon_F \tag{5.49}$$

由此可得由力 F 引起的拉伸正应力为

$$\sigma_F = E\varepsilon_F = E\frac{\varepsilon_{读}}{2} \tag{5.50}$$

若如图 5.13 组成半桥,则由式(5.48)得

$$\varepsilon_{读} = \varepsilon_a - \varepsilon_b = 2\varepsilon_M \tag{5.51}$$

则弯矩引起的弯曲正应力为

$$\sigma_m = E\varepsilon_M = E\frac{\varepsilon_{读}}{2} \tag{5.52}$$

上述两种组桥方法的桥臂系数 α 均为 2。

为测定偏心距 e,可如图 5.13 组成半桥。初载荷 F_0 时调试应变仪平衡,载荷增加 ΔF 后,记录仪器读数 $\varepsilon_{读}$。据胡克定律得弯曲正应力为

$$\sigma_M = E\varepsilon_M = E \cdot \frac{\varepsilon_{读}}{\alpha}$$
$$\sigma_M = \frac{M}{W_z} = \frac{\Delta Fe}{W_z} \tag{5.53}$$

由(5.53)得

$$e = \frac{EW_z}{\Delta F} \cdot \frac{\varepsilon_{读}}{\alpha} \tag{5.54}$$

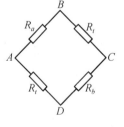
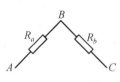

图 5.12 全桥   图 5.13 半桥

5.5.3 实验仪器设备

① 多功能力学试验台。

② 静态电阻应变仪。

③ 辅助工具和量具。

5.5.4 实验步骤

① 调整夹具,安装试样。

② 设计组桥方案。根据电桥的加减特性和各应变片应变情况,自行思考设计内力(轴力 F、弯矩 M),材料常数 $E\mu$ 和偏心距 e 测定的接桥方案。

③ 将各测点的工作应变片导线和温度补偿片导线按自己设计的接桥方案接入应变仪的相关接线柱上(注意导线连接要牢靠,各接线柱必须旋紧)。然后根据电阻应变片的灵敏系数 K 值,调整电阻应变仪的灵敏系数,使之与电阻应变片的灵敏系数相对应,再逐步将各测点调零。

④ 采用等级增量加载法正式加载测试,每次加载后都要逐点测量并记录其应变读数,直到全部测点测完,重复测量三次。

⑤ 实验结束后,清理实验现场,整理试验台,将所用仪器设备复原,实验原始数据交指导教师检查签字。

5.5.5　数据整理

① 自行设计表格,并记录实验数据。

② 计算内力(F,M)和偏心距 e。

5.5.6　实验要求

① 应做好充分的预习,预习报告应包含实验名称、实验目的、实验原理、操作步骤、计算公式、数据记录表格(可自行设计)等内容。

② 根据材料的比例极限,设计等级增量加载方案。

③ 根据各应变片应变情况,自行思考设计桥路方案,以便单独测出拉伸正应力、最大弯曲正应力及偏心距 e。

5.5.7　思考题

① 根据已布置的应变片可组成多种组桥方案,由学生自己思考确定并进行测量。

② 实验误差分析、实验结论以及自己对本实验项目的体会与改进意见。

5.6　等强度梁弯曲正应力测定实验

梁的强度主要由最大弯曲正应力决定,但在恒力弯曲情况下,梁的截面弯矩不是常数,若按危险截面上的最大正应力进行梁的设计,意味着其他界面处的材料作用得不到充分发挥,因此人们提出了等强度梁的设计理论。

使梁所有横截面上的最大弯曲正应力均相同,并等于许用应力,按此设计截面尺寸的梁,称之为等强度梁。等强度设计有很多优势:

(1) 节省材料,最大限度地提高材料的利用率。

(2) 提高结构的承载力,使结构更加安全。

(3) 节省空间,降低自重,提高结构的使用性。

5.6.1　实验目的

① 了解等强度梁的设计思想,学习和理解等强度梁的设计理论和计算方法。

② 使用电测法测定等强度梁上、下表面的应力,掌握等强度梁的弯曲正应力测定方法。

③ 熟悉应用电阻应变仪,掌握应变片在测量电桥中的各种接线方法,使用多种电桥的接线方法来完成实验。

5.6.2　实验原理

按等强度理论,不同截面上的最大正应力为

$$\sigma_{\max} = \frac{|M(x)|}{W(x)} = \sigma_0 \tag{5.55}$$

由此得抗弯截面模量 W 满足:

$$W(x) = \frac{|M(x)|}{\sigma_0} \tag{5.56}$$

即抗弯截面模量 W 应随横截面弯矩变化而变化。

等强度梁的截面设计不仅与梁上的载荷分布和约束有关,也与梁的截面形状选择和尺寸变化选取有关。对于矩形截面悬臂梁,若保持高度 h 不变,让宽度 b 发生变化。则有

$$\frac{Fx}{\dfrac{h^2\,[b(x)]}{6}} = \sigma_0 \tag{5.57}$$

由此:

$$b(x) = \frac{6Fx}{h^2\sigma_0} \tag{5.58}$$

图 5.14　等强度梁的实验装置

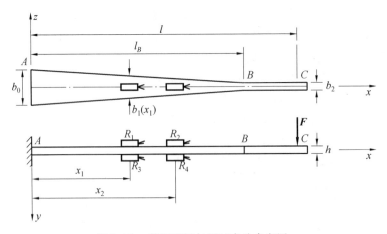

图 5.15　等强度梁与测试布片参考图

5.6.3　实验仪器设备

① 等强度梁实验装置。
② 静态电阻应变仪。
③ 游标卡尺和卷尺。
④ 数字式万用电表。
⑤ 单向应变片。
⑥ 黏结和焊接材料、辅料及辅助工具。

5.6.4　实验步骤

① 根据材料的容许应力,估算最大载荷,并确定载荷增量 ΔF 及加载次数。
② 选择测点,在该测点上确定粘贴单向应变片位置,自行设计两种组桥方案。
③ 粘贴单向应变片,焊接引出线(参见 5.1.3)。
④ 将各测点的工作应变片导线和温度补偿片导线接到应变仪的相关接线柱上(注意导线连接要牢靠,各接线柱必须旋紧)。然后根据电阻应变片的灵敏系数 K 值,调整电阻应变仪的灵敏系数,使之与电阻应变片的灵敏系数相对应,再逐步将各测点调零。
⑤ 正式加载测试,每次加载后都要逐点测量并记录其应变读数,直到全部测点测完为止。
⑥ 实验结束后,清理实验现场,整理试验台,将所用仪器设备复原,实验原始数据交指导教师检查签字。

5.6.5　数据处理

① 整理记录数据。求出每一级加载后应变片的应变增量,取同一截面同侧两个应变片的增量应变平均值作为该截面该侧这一级加载的增量应变,再根据各级增量应变结果,计算出该截面该侧的平均增量应变。
② 根据胡克定律计算出两个截面上下两侧的截面应力增量。
③ 计算两个截面的理论应力增量值。
④ 比较理论值与实验值的误差,并分析引起误差的原因。

5.6.6　实验要求

① 应做好充分地预习,预习报告应包含实验名称、实验目的、实验原理、操作步骤、计算公式、数据记录表格(可自行设计)等内容。
② 试拟定加载方案。根据等强度梁的最大容许载荷估算,确定分级加载方案。
③ 根据各应变片应变情况,自行思考设计桥路方案。

5.6.7　思考题

① 等强度梁的设计依据是什么?
② 按照实际量测的尺寸,用理论计算的两个布片截面上的最大拉或压应力是否相等?为什么?

5.7　压杆稳定实验

当细长杆受轴向压缩时,载荷增加到某一临界值 F_{cr} 时压杆将丧失稳定。工程实际中,受压构件的失稳破坏往往发生在强度破坏前,事先没有预兆,瞬间迅速失稳。构件的失稳可以引起工程结构的屈曲破坏,危害性很大。因此,对于细长的构件,充分认识压杆的失稳现象,用实验方法确定压杆的临界载荷 F_{cr},具有十分重要的工程意义。

5.7.1　实验目的

① 通过测点应变变化,观察细长杆受压时的失稳特性。
② 讨论不同杆端约束条件对临界力的影响。
③ 计算临界力,验证欧拉公式,并分析产生误差的原因。

5.7.2　实验原理

对于轴向受压的理想细长杆件,按小变形理论,其临界载荷可以按照欧拉公式计算:

$$F_{cr} = \frac{\pi^2 EI}{(\mu l)^2} \tag{5.59}$$

式中　　E—— 材料的弹性模量;

　　　　I—— 压杆横截面的最小惯性矩;

　　　　l—— 压杆长度;

　　　　μ—— 与压杆端点支座情况有关的系数:两端铰支,$\mu = 1$;一端固定、一端铰支,$\mu = 0.7$;两端固定,$\mu = 0.5$。

当载荷 F 小于临界载荷 F_{cr} 时,压杆保持直线形状而处于稳定平衡状态,即使有横向干扰力使压杆微小弯曲,但在撤除干扰力以后压杆仍能恢复直线形状,是稳定平衡。

当载荷 F 等于临界载荷 F_{cr} 时,压杆处于稳定与不稳定平衡之间的临界状态,稍有干扰,压杆即失稳而弯曲,其挠度迅速增加,载荷 F 与压杆中点挠度 δ 间关系曲线如图 5.16 所示,在理论上(小挠度理论)应为 OAB 折线所示。但在实验过程中,由于杆件可能有初曲率,载荷可能有微小的偏心及杆件的材料不均匀等,压杆在受力后就会发生弯曲,其挠度 δ 随着载荷的增加而增加。当 $F < F_{cr}$ 时,

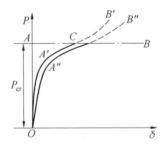

图 5.16　载荷 F 与压杆挠度 δ 间关系曲线

挠度 δ 增加缓慢。当 F 接近 F_{cr} 时,虽然 F 增加很慢,但 δ 却迅速增大,如 $OA'B'$ 或 $OA''B''$ 所示。曲线 $OA'B'$,$OA''B''$ 与折线 OAB 的偏离,就是由于初曲率、载荷偏心等影响造成。此影响越大,则偏离也越大。在实验过程中随时测出 F 及 δ 值,绘制出如图 5.16 中的曲线,就可以确定 F_{cr}。

本实验测定临界载荷,采用电测法。将两组电阻应变片沿加工好的细长杆杆长方向两侧粘贴好(图 5.17),并将杆置于三种不同的约束条件下(两端固定、两端铰支、一端固定一

端铰支)。使杆件轴向受压,测试杆件上各贴片点处的应变。绘制载荷 — 应变曲线,由得到的载荷 — 应变曲线的水平渐近线(图 5.18)与纵坐标交点是临界载荷 F_{cr}。

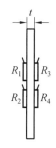

图 5.17　试件贴片位置示意图

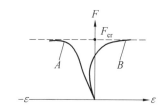

图 5.18　描点法绘出的 $F - \varepsilon$ 曲线

5.7.3　实验仪器设备

① 压杆试件,如图 5.17 所示。

② 多功能力学实验加载装置,如图 5.19 所示。

③ 静态电阻应变仪。

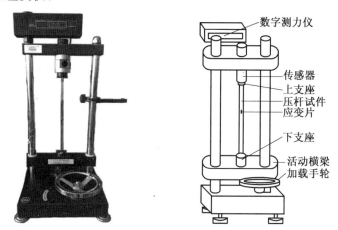

图 5.19　多功能实验加载装置及结构示意图

5.7.4　实验步骤

① 安装杆端约束(一端固定一端铰支、两端铰支),为保证压力作用线与试样轴线重合,应使 V 形支座的 V 形槽底线对准试验机支撑的中心。

② 把试样上的应变片按一定桥路方式接入静态电阻应变仪,加载前将应变仪预调平衡。

③ 制订实验方案。加载前,用欧拉公式求出压杆临界压力 F_{cr} 的理论值。加载分成两个阶段,在初载荷 F_0 到 $0.8F_{cr}$ 的范围内,因曲线比较陡直,宜采用分级加载(4 ～ 5 级),进行载荷控制;载荷每增加一级 ΔF,随之测定各应变片相应的应变量。当载荷接近 $0.8F_{cr}$ 时,载荷增量应取得小些。为防止压杆发生塑性变形,要密切注意应变仪读数。

④ 按实验方案逐级加载,读取载荷值和应变仪读数。在整个实验过程中,加载要保持均匀、平稳、缓慢。当任一点应变值出现明显变化时或试样出现明显弯曲,应立即停止加

载。实验数据以表格形式记录。

⑤ 改变约束,重复上述步骤。

⑥ 实验结束后,清理实验现场,整理试验台,将所用仪器设备复原,实验原始数据交指导教师检查签字。

5.7.5　数据处理

① 根据实验结果在坐标纸上绘出 $F-\varepsilon$ 曲线,作它的水平渐近线,确定临界载荷 F_{cr} 的实验值。

② 用欧拉公式计算临界载荷的理论值,比较理论值与实验值,计算相对误差并分析引起误差的原因。相对误差的计算:

$$\delta = \frac{F_{cr理论} - F_{cr实验}}{F_{cr理论}} \times 100\% \tag{5.60}$$

5.7.6　实验要求

① 应做好充分的预习,预习报告应包含实验名称、实验目的、实验原理、操作步骤、计算公式、数据记录表格(可自行设计) 等内容。

② 调装试件时横梁不能顶在试件上,间隙也不能太大。

③ 连接应变仪时动作要轻,不要碰坏应变片。

④ 试件及仪器安装完毕后,要经过指导教师检查同意后再开始实验。

⑤ 在加载的最后阶段,一定要密切注意压杆的弯曲变形。当弯曲变形较大时,立即停止加载。

5.7.7　思考题

① 比较杆件在三种约束条件下所承受临界力的大小。你还能举出不同于上述的约束条件吗?

② 工程中提高杆件临界力的措施有哪些?

③ 欧拉公式适用任何压杆吗? 它的适用范围是什么?

④ 还可以采用哪些方法测量压杆的临界载荷?

5.8　应变片灵敏系数的标定实验

应变片的生产厂商在生产出应变片后,需要对其工作特性指标进行标定。标定的过程一般是按照相关的技术标准,在专门的标定设备上进行抽样标定。应变片的灵敏系数是应变片的一个重要指标,也是需要标定的特征指标之一。一般进行灵敏系数标定时,试件应处于单向应力状态。通常采用的标定装置有单轴拉伸试件、等截面纯弯梁或是等强度悬臂梁等三种方式。本指导书中采用等强度悬臂梁对应变片的灵敏系数进行标定。

5.8.1　实验目的

① 了解电阻应变片的电阻变化率与所受应变 ε 之间的关系。

② 掌握电阻应变片灵敏系数的标定方法。

5.8.2　实验原理

粘贴在试件表面的电阻应变片,在试件的应变为 ε 时其电阻的变化率 $\Delta R/R$ 与 ε 之间有下列关系:

$$\frac{\Delta R}{R} = K\varepsilon \tag{5.61}$$

因此分别测量 $\dfrac{\Delta R}{R}$ 及 ε 的值即可求得灵敏系数 K。

本实验采用等强度悬臂梁来标定应变片的灵敏系数。根据材料可知,在梁的弹性工作范围内,如果在等强度梁的自由端施加一垂直于其表面的集中载荷 F,则沿着梁的轴向方向其表面各处的应变值均相等。测量时,在等强度梁的上、下表面沿轴向粘贴应变片。在梁的自由端施加集中载荷,梁发生弯曲变形,其表面应变也可以由材料力学的公式计算得出:

$$\varepsilon = \frac{M}{EW} = \frac{6Fl}{Ebh^2} \tag{5.62}$$

其中,l 为梁的长度,b 为梁的宽度,h 为梁的高度。而应变片电阻的变化率可由静态电阻应变仪测量得出,应变仪的读数应变如下式:

$$\frac{\Delta R}{R} = K_{仪} \varepsilon_{仪} \tag{5.63}$$

综合(5.61)、(5.62)、(5.63)三式,可求出应变片的灵敏系数 K:

$$K = \frac{\Delta R/R}{\varepsilon} = \frac{k_{仪} \varepsilon_{仪} Ebh^2}{6Fl} \tag{5.64}$$

5.8.3　实验仪器设备

① 等强度梁实验装置,如图 5.14 所示。
② 静态电阻应变仪。
③ 电阻应变片。
④ 百分表、磁性表座。
⑤ 黏结和焊接材料、辅料及辅助工具。

5.8.4　实验步骤

① 用钢板尺和游标卡尺测量等强度梁的长度 l 和厚度 h;
② 在等强度梁和补偿块上粘贴应变片(如图 5.20 所示),采用单点测量的方式,即将等强度梁上纵向应变片作为工作片接入应变仪的测量通道,将温度补偿块上的应变片作为补偿片接入到应变仪的公共补偿通道;
③ 对应变仪各通道参数进行设置并预调平衡;
④ 确定合适的加载方案进行分级加载测量,分别记下每次加载及卸载后应变仪的读数;
⑤ 重复加载与卸载三次,取三次平均值用公式(5.64)来计算每片应变片的灵敏系数 K_i,$i = 1,2,3$;

⑥ 计算每片应变计的平均灵敏系数 $\overline{K}$

$$\overline{K} = \frac{\sum K_i}{n} \tag{5.65}$$

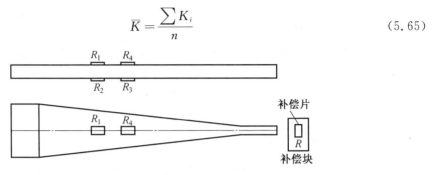

图 5.20　等强度梁上贴片示意图

5.8.5　数据处理

自行设计数据记录表格,记录下每次加载、卸载时等强度梁端部的挠度 f 和电阻应变仪的读数应变仪 ε,依据式(5.64)和式(5.65)计算应变片的灵敏系数 $\overline{K}$,与厂家提供的标定值进行比较,并分析测量误差产生的原因。

5.8.6　实验要求

① 应做好充分地预习,预习报告应包含实验名称、实验目的、实验原理、操作步骤、计算公式、数据记录表格(自行设计)等内容。

② 拟定加载方案。根据等强度梁的最大容许载荷估算,确定分级加载方案。

5.8.7　思考题

① 为什么通常会用等强度梁或纯弯曲梁来标定应变片的灵敏系数?

② 本实验是否可采用其他的桥路连接方式进行测量?

③ 采用什么样的方法可以提高等强度梁表面应变的测量灵敏度?

④ 分级加载测量有什么好处,本实验是否需要确定每级加载的载荷大小? 为什么?

⑤ 分析本实验的误差来源以及自己对本实验项目的体会与改进意见。

5.9　电测应力分析设计实验

5.9.1　实验目的

① 进一步熟悉电测应力分析的原理并掌握其操作方法

② 对构件在复杂受力情况下进行应力分析

③ 训练学生的动手能力、激发学生的创新能力,培养学生的科学素养以及理论联系实际的能力

5.9.2　实验原理

应变片的工作原理见 2.1.1,应变测试与应变分离方法见 5.1。

5.9.3　实验仪器设备

① 三点弯曲实验装置、四点弯曲实验装置、弯扭组合实验装置、偏心拉伸实验装置。
② 静态电阻应变仪。
③ 电阻应变片。
④ 电烙铁、焊锡、万用表,游标卡尺,钢尺,502 胶水,剪刀、刀片、砂纸、酒精、丙酮棉、导线等贴片用工具及耗材。

5.9.4　实验任务要求

本实验项目的测试内容主要涉及:① 构件上多种应变信息耦合在一起时材料常数的信息提取;② 构件在外载荷作用下的内力分离、关键几何位置测定、危险截面、危险点应力测定等。

实验试件包括等截面实心梁试件、等截面空心梁试件、变截面实心梁试件(图 5.21)、弯扭组合试件(图 5.10)、偏心拉伸试件(图 5.22)五种。梁试件采用三点弯曲或四点弯曲的加载方式,加载点位置可在支点内或支点以外区域,如图 5.23 所示。

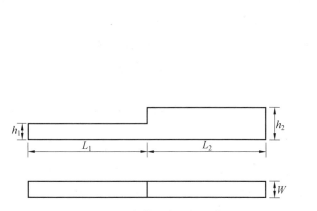

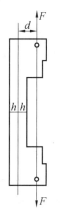

　　　　图 5.21　变截面实心梁试件　　　　　　　　图 5.22　偏心拉伸试件

学生实验时,选定实验试件和任务后,自行设计实验方案,撰写预习报告。实验方案获任课教师确认后方可进行实验操作。如选择梁试件,则需在选择任一种梁试件后,再选定加载方式,完成下列实验任务 ① ～ ⑩ 中的任一任务。

实验任务包括:
① 弯曲梁最大正应力测定
② 弯曲梁最大剪应力测定
③ 弯曲梁约束反力测定
④ 弯曲梁加载点位置的测定
⑤ 弯曲梁上材料常数的测定
⑥ 弯扭组合变形构件危险点处扭矩的测定

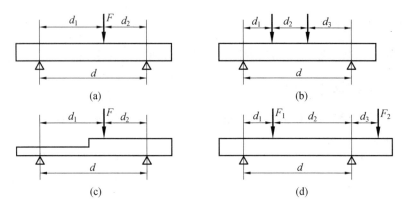

图 5.23　梁加载方式

⑦ 弯扭组合变形构件上材料常数 G 的测定

⑧ 弯扭组合变形构件壁厚的测定

⑨ 偏心拉伸构件加载点位置的测定

⑩ 偏心拉伸构件材料常数的测定

5.9.5　实验注意事项

① 课前详细了解所用设备的原理及使用方法。

② 根据所选实验课程的任务及要求,研究并确定可行的实验设计方案,给出理论依据。

③ 自行设计合理的实验数据记录表格。

④ 严格按照贴片的工艺标准贴片,保证测试数据的精度和稳定性。

⑤ 设计贴片方案时选用尽可能少的应变片,组桥方式要保证应变读数具有相对较高的信噪比。

⑥ 实验时对构件施加的载荷不要过大,根据构件的承载能力与实验条件自行确定。

5.9.6　预习及实验报告要求

学生在复习相关理论知识、结合教材 2.1.1、5.1 内容自学电测法基本原理的基础上,草拟预习报告,包括合理的乃至最佳的布片方案、接桥方式,以及如何进行应变分离,并导出相应的数据处理方法和计算公式,写出贴片及测量的主要步骤,并画出数据记录表格。预习报告应含实验名称、目的、原理、操作步骤、计算公式、数据记录表格、贴片方案、组桥方式、应变分离方法。

实验报告要求内容完整,格式规范,表达简明,书写工整。内容至少要给出:设计方案及设计方案的理论依据、正确的测试数据、误差分析和结论。同时报告中还需要说明采用了什么样的检验方法证明测出的数据是正确的。结论包括实验结果、问题讨论、影响因素,以及是否需要改进方案等,并给出简要的分析评价。实验报告的篇幅不限。

5.10　应变测量仪器

惠斯通电桥因电阻应变片电阻值变化而输出的电压信号是很微弱的,必须经过放大、转换等进一步处理,才能将应变以适当的形式显示出来。实际的电阻应变测量,一般都使用专用测量仪器——电阻应变仪(简称应变仪)。应变仪有多种类型,通常按照测试信号变化速度的不同,将电阻应变仪划分为静态电阻应变仪、动态电阻应变仪以及静动态电阻应变仪 3 类。静态电阻应变仪用于测量缓慢变化的应变信号。动态电阻应变仪用于测量快速变化的应变信号。静动态电阻应变仪既可以作为静态电阻应变仪使用,也可以作为动态电阻应变仪使用。

5.10.1　静态电阻应变仪

到目前为止,静态电阻应变仪的发展大致经过了四代产品。第一代应变仪是指针式的,由于分辨率低,早已被淘汰。第二代应变仪称为双桥零读式应变仪,这种应变仪可以达到较高的分辨率($1~\mu\varepsilon$,即 1 个微应变)和较大的输出范围,但在测量过程中需要人工跟踪调节读数盘(旋扭),使用很不方便,现在已经不再生产。第三代应变仪采用数字表头显示应变,因此可以叫做数显式应变仪。第四代应变仪是计算机技术与应变测量技术结合的产物,其主要特点是将微处理器嵌入应变仪,能够自动完成应变仪的初始化设置和多点数据快速采集,并且可以和普通台式计算机或笔记本电脑连接,由计算机控制数据采集过程,通过专用软件处理测量数据。为了便于区分,这里将第四代应变仪称为"数字式"应变仪。由于数字式应变仪包括了数显式应变仪的功能,而且正在逐步成为应变电测的主导仪器,因此这里只介绍数字式应变仪。

不同厂家生产的应变仪,在电路设计、操作界面以及产品外观上往往差别很大,但其电路系统都包括测量电桥、放大器、A/D 转换、显示器以及电源几个基本单元。图 5.24 是 YE2537 型静态数字式电阻应变仪实物照片。图 5.25 是数字式应变仪的电路原理框图。数字式应变仪普遍使用直流电桥,应变电桥因电阻应变片电阻值变化而产生的输出电压信号依次经过直流放大器放大、信号调理电路处理、A/D 转换后,由显示电路送到数字表头显示。因为应变电桥的输出电压 U_{BD} 与 $(\varepsilon_1-\varepsilon_2+\varepsilon_3-\varepsilon_4)$ 成正比,所以只要经过标定(校准),就可以使表头显示的数字等于 $(\varepsilon_1-\varepsilon_2+\varepsilon_3-\varepsilon_4)$,这样就将应变值直接显示出来。标定由应变仪的制造厂家完成。用户也可以对应变仪进行标定,但一般必须使用应变模拟仪(标准应变发生器)。使用应变仪测量应变时,在完成接线(组桥)后通常都要对应变仪进行"灵敏系数设置"和"调零"。灵敏系数设置是指根据电阻应变片的灵敏系数来调整灵敏系数补偿电路,设定应变仪的灵敏系数,以保证应变仪的测量读数就是真实的应变。调零是指通过电桥平衡补偿电路将应变电桥的初始不平衡输出电压(相当于虚假应变)抵消掉,使表头显示为零。数字式应变仪可以利用微处理器,通过机内计算自动修正应变仪的灵敏系数,调整十分方便。

静态电阻应变仪一般都是多通道的,如常见的 10、12、16 及 20 通道,也有 40 和 60 通道的应变仪。各个通道共用一个放大电路。在多点应变测量中,需要利用应变仪的"通道切换电路"分别将各个测点的电阻应变片接入电桥。这时,如果各通道电阻应变片的灵敏系数不一致,可以在测量前将应变仪的灵敏系数 $k_仪$ 设定为某一固定值(通常是设定 $k_仪=2$),然后对测量读数 $\varepsilon_读$ 进行修正,得到正确的应变值 ε。设电阻应变片的灵敏系数为 k,修正公式如下:

$$\varepsilon = \frac{k_{\text{仪}}}{k}\varepsilon_{\text{读}} \tag{5.66}$$

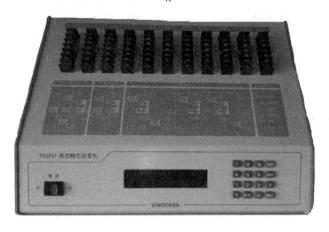

图 5.24　数字式电阻应变仪

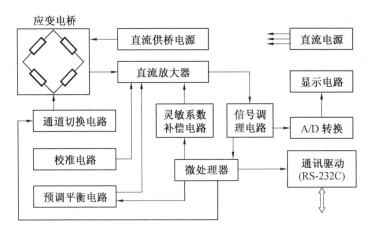

图 5.25　数字式电阻应变仪电路原理框图

5.10.2　YE2537 型静态电阻应变仪

该仪器具有十个通道,且内置了有精密低温漂电阻组成的内半桥。同时提供了公共补偿片的接线端子,故每个测点都可通过不同的组桥方式组成全桥、半桥(公共补偿片)的形式。用户只需按桥路形式示意图连接应变片,并将桥路形式设为相应的桥路形式即可。

1.仪器前面板各部分名称和作用

各部分名称及作用如下:

(1)电源开关:可由交流 220 V/50 Hz 电源供电,也可由外接直流 9 V 电源供电。

(2)数字显示屏:显示屏左两位用于提示状态,右五位用于显示测量值或设置信息。

(3)键盘:参数设置及测量操作是由键盘来完成。

数字键(0 ~ 9):用来设置参数及选择测点。

按键 BAL:测量当前测点的初始不平衡量,将此值显示并存储。

按键 BRID:设置桥路形式,设置范围:1,2,4。

按键 K:设置灵敏系数,设置范围:1.00 ～ 9.99。

按键 R:设置应变片阻值,设置范围 60 ～ 999 Ω。

按键 MEAS:测量当前测点的应变量,将此值显示并存储。

回车键:按此键后将回到提示测点信息的待命状态。

2.上面板

(1)接线端子排:如图 5.26 所示,共有 11 排端子,前十个端子排提供了各个测点的组桥端子,标有 A、B、B′、C、D,与惠斯通电桥的标示一致。其中在 B、B′点上安装了特制连接片,方便二者连通使用。最右一个端子排提供了公共补偿接法的公共补偿片的连接端子、外接 DC 9 V 供电电源的连接端子以及接地端子。

(2)桥路形式提示:面板上有桥路形式标示,选中某一桥路形式时,相应桥路形式的指示灯点亮,可按该桥路形式的连接示意图连接应变片组桥。

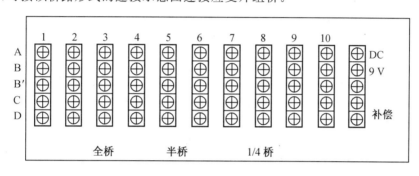

图 5.26 　 上面板示意图

3.后面板

(1)电源插座(内置保险丝):AC 220 V/50 Hz/0.5 A。

(2)RS－232C 串行口:通过此端口和计算机 RS－232C 串行口联机,可由计算机完成所有的设置及测量操作。

4.桥路形式

根据实验及测试要求连接应变片,桥路形式的接法有三种:全桥、半桥、1/4 桥(公共补偿)。应注意的是:面板上的"半桥方式"为接入两个工作片的方式;"1/4 桥"为公共补偿片的半桥方式。具体接法如图 5.27 所示。

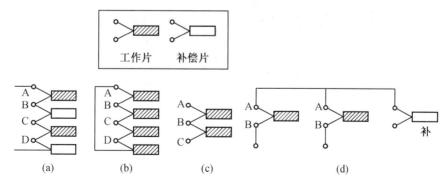

图 5.27 　 桥路接法示意图

全桥(图(a)、图(b)):桥路形式设为 4 时对应全桥形式。

半桥(图(c)):桥路形式设为 2 时对应半桥形式。

1/4 桥(图(d)):桥路形式设为 1 时对应 1/4 桥(使用公共补偿片的半桥)形式。

5.操作方法

① 打开电源预热 30 min。

② 设置参数:按[R]显示 $\boxed{\text{R\quad 120}}$,再用数字键设置应变电阻值,设置范围 60 ～ 999 Ω。

③ 设置灵敏系数:按[K]显示 $\boxed{\text{K\quad 2.00}}$,再用数字键设置应变片灵敏系数,设置范围 1.00 ～ 9.99。

④ 设置桥路形式:按[BRID]显示 $\boxed{\text{BR\quad 1}}$,再用数字键设置桥路形式,设置值 1、2、4。

⑤ 按回车键回到待命状态。

⑥ 自动平衡:在待命状态按[BAL]对所有通道进行自动平衡。按数字键查看各点的初始不平衡量。再按[MEAS]进入测量状态,仪器将显示数字键对应通道的应变量。

⑦ 在对某点测量时可直接按数字键切换到相应通道。

注:对于各种桥路接法的应变测量,实际应变量与读数值的关系为(不考虑导线误差):

全桥(图 5.27(a))、半桥(图 5.27(c))　　应变量＝读数值/2

全桥(图 5.27(b))　　　　　　　　　　　应变量＝读数值/4

半桥(图 5.27(d))　　　　　　　　　　　应变量＝读数值

⑧ 为了便于调节平衡,工作片和补偿片及与它们连接的导线尽可能选择一致。

5.10.3　TS3862 型静态电阻应变仪

TS3862 型静态应变仪(图 5.28)是一种装有微处理芯片的数字式应变仪。该应变仪共有 15 个应变通道和 1 个测力通道。该仪器采用九个窗口同时显示,测力与应变测量同时进行且互不影响。其工作原理与其他应变仪的原理基本相同,下面仅介绍 TS3862 型静态应变仪使用方法。

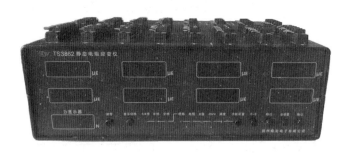

图 5.28　TS3862 型静态电阻应变仪

1.打开电源开关

仪器进入上电自检过程。此时,8 个显示应变的数码管依次显示全 8 字样。仪器需预热 20 min。

2.参数设置

长按"功能设置键"2 s 后,进入功能设置状态。每个通道均可单独设置,在设置过某个参数后,若按"全设置"键,则所有通道的参数全部相同。

（1）桥路状态设置

数字 1 与 1/4 桥(使用公共补偿片的半桥) 对应,数字 2 与半桥对应,数字 3 与全桥对应。按"0 ～ 9"键可改变桥路状态,第 1 点桥路状态设置完后,按"确认"键则进入第 2 点桥路状态设置,在第 1 点的桥路状态设置完后,按"全设置"则所有通道的桥路状态相同。

（2）应变片电阻设置

按"功能设置"键进入应变片"电阻"设置状态,"电阻"指示灯亮。第 1 个窗口的数码管闪烁显示数字"120"或"240"或"350"字样,按"0 ～ 9"键选择。按"确认"键则进入第 2 点应变片电阻阻值设置,按"全设置",则所有通道的应变片电阻阻值相同。

（3）应变片灵敏度设置

按"功能设置"键则进入应变片灵敏度设置状态,"K 值"指示灯亮。当第 1 个窗口的数码管数字闪烁时,按"0 ～ 9"键和"移位"键配合使用,对三位数字进行设置。三位数都设置好之后,按"确认"键则进入第 2 通道应变片电阻 K 值设置,按"全设置"键,则所有通道的 K 值都与第 1 通道 K 值相同。

（4）传感器灵敏度"mV/V"和传感器满度值,按"功能设置"键,移位跳过即可,不需要特殊设置。

3. 测量

在传感器"满度"值设置好之后,再按一次"功能设置"键,五个功能设置指示灯灭,仪器进入测量状态。

（1）接线准备

根据测试要求,按图 5.29 接线图接好应变片。

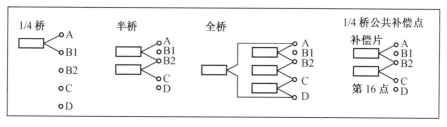

图 5.29　接线示意图

（2）测量

长按"调零"键,则各点的读数全部归零。开始实验,按"显示切换"读取 1 ～ 8 或 9 ～ 16 通道的应变值。

4. 注意事项

保证线头与接线柱的连接质量,若接触电阻或导线电阻改变千分之一欧姆(1 mΩ)将引起约 5 $\mu\varepsilon$ 的读数变化,所以在测量时不要移动电缆。

5.10.4　DH3818 − 1 型静态电阻应变仪

DH3818 − 1 型静态电阻应变仪共有 10 个通道,如图 5.30 所示。每个通道由直流电桥组成,即由 4 个桥臂构成一个封闭结构,每个桥臂都由一个电阻组成,当桥臂电阻变化时,电桥就输出一个和其变化大小成线性关系的电压。通过对该电压进行放大,就能使输出的电压大小和实际应变大小相对应。

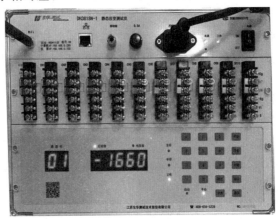

图 5.30　DH3818－1 型静态电阻应变仪

该静态电阻应变仪可采用自动读数或手动读数两种工作方式，下面分别介绍这两种工作方式的使用方法。

5.10.4.1　自动读数

1. 安装软件

扫描仪器面板上的二维码，下载新版手机软件并安装。目前该手机应用软件智能在 Android 系统下工作，不支持 IOS 系统。

2. 打开电源开关，连接手机与仪器

在手机的"WLAN 设置中"选中要连接仪器的 SSID（见应变仪面板左上角），长按并点击"修改网络"，再选择"显示高级选项"，在网络的详细设置中需要将"IP 设置"由默认的"DHCP"改为"静态"，并在"IP 地址"中填入 192.168.0.220，网关设置为"192.168.0.1"，其余保持默认。注意，"域名 2"中的灰色字需重新输入"8.8.4.4"，点击"保存"。

3. 仪器设置

点手机中的 App"数据采集分析"图标，打开软件。点击左下方的"设置"，注意此时应点击应变仪面板上的"模式"，使"自动"灯亮起，然后点击"查找仪器"，等待片刻后，仪器和手机连接成功后会显示仪器 IP。选择"通道设置"，在"测量类型"里选择"应力应变"，采样设置的采集方式选用"单次采样"。

4. 数据测量

点击"测量"后，要点仪器"清零"，在单次采样模式下点击"采样"按钮进行一次采样，过程中不可再用清零按钮，采集完成后再次单击"采样"按钮停止采样。

5. 数据分析

点击界面下方的"分析"进入分析界面，"数据列表"中默认显示最后一次采集的数据。

5.10.4.2　手动读数

1. 工作模式选择

点击应变仪面板上的"模式"，使"手动"灯亮起。

2. 仪器设置

首先设置灵敏系数，选择待设置的通道（点击所用通道按钮的数字），点击"确认"键，再点"设置"键,点击数字按钮,输入的数值为所用应变片灵敏系数值的二分之一,并点击"确认"。

其次选择桥路设置,点击"类型"键,切换为当前通道的测量类型,选择"应变值"灯亮起,此时点击所用通道的数字,点击"确认"键,点击"桥路",选择 1/4 桥,再次点击"确认"。

设置应变片的电阻值,仪器默认应变片电阻值为 120 Ω。如所使用应变片电阻值不是 120 Ω,则需要在仪器中进行电阻值的设置。

最后做桥路的预调平衡,点击"平衡"键,输入数字"00",点击"确认"键,再点击"平衡"键,会对所有通道进行平衡。

3. 数据测量

每加一级载荷,都要逐个点击通道数字,点击"确认",记录数据。

第6章　　光测力学实验

光测力学实验方法是实验力学的一个重要分支,是进行结构应力分析的重要方法。它利用了构件受力变形前后周围光场的变化来分析构件的应力或应变场。本章将主要对光测力学中最常见的光弹性技术、云纹干涉技术以及散斑干涉技术的测量原理、测量方法、典型实验进行介绍。

6.1　　物理光学基础

6.1.1　光的概念

光波具有波、粒二象性,即从微观角度来看,光由光子组成,具有粒子性,但从宏观角度来看其又表现出波动性。按照麦克斯韦的理论,光波是一种电磁波,因此它是横波,即光的振动方向与它的传输方向相互垂直。在直角坐标系中,如果取 x 为光的传输方向、y 为振动方向,则光波可用如下的波动方程来表示:

$$y = a\cos(\omega t - kx + \varphi) \tag{6.1}$$

式中　　t—— 时间;

　　　　a—— 最大光位移,亦称振幅;

　　　　ω—— 圆频率;

　　　　$(\omega t - kx + \varphi)$—— 相位或周相;

　　　　$\omega t, -kx, \varphi$—— 时相、空相和初相;

　　　　k—— 波数。

对固定的时间 t,或固定的空间点 x,光波形状如图 6.1 所示。

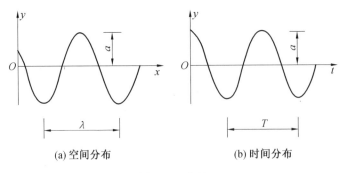

| (a) 空间分布 | (b) 时间分布 |

图 6.1　光波

沿着光波的传播方向,周相($\omega t + \varphi$)相同的两个最近点之间的距离,称为光的波长 λ,通常认为它是一个完整的正弦波的长度(图 6.1(a))。一个波长的波通过一个空间点所需的时间称为周期,记为 T,亦即光做一次完整的振动所需要的时间(图 6.1(b))。光波沿其传播方向行进的速度定义为 $v=\lambda/T$,称为波速。波速和波数 k 的关系为 $k=\omega/v$。$f=1/T$ 称为频率,它与圆频率的关系为 $\omega=2\pi f$。

我们常见的自然光是由各种频率且沿各个方向振动的光组合而成,也称为白光。如果某种光只具有单一的频率,则称之为单色光;只在某一固定方向振动的光称为偏振光。

6.1.2　光波的叠加

多个光波在空间传播时是各自独立的,即每一个光波按照各自的传输特性传播。这使得在空间任意一点处的光振动都是在同一时刻到达该点的所有光波光振动的矢量和,这就是光波的叠加原理。

光波传播的独立性意味着一个光波的作用不会因为其他光波的存在而受到影响。如两个光波在相遇后又分开,每个光波仍保持原有的特性,频率、波长、振动方向等不变,并按照原来的传播方向继续前进。下面介绍两种典型的光波叠加情况。

1.两列单色光波同频率、同振动方向及具有恒定的周相差

如图 6.2 所示,设 S_1,S_2 为两个频率相同、振动方向相同的单色光光源,它们相遇在空中某一点 P,P 到 S_1,S_2 的距离分别为 r_1,r_2,由波动方程可知两列光波在 P 点产生的振动分别为

$$E_1=a_1\cos(kr_1-\omega t) \tag{6.2}$$

$$E_2=a_2\cos(kr_2-\omega t) \tag{6.3}$$

式中　a_1,a_2—— 两光波在 P 点的振幅。

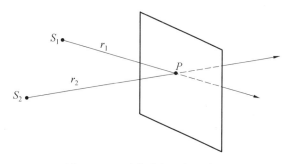

图 6.2　两列光波的叠加示意图

若令 $\alpha_1=kr_1,\alpha_2=kr_2$,则根据叠加原理,$P$ 点的合振幅为

$$E=E_1+E_2=a_1\cos(\alpha_1-\omega t)+a_2\cos(\alpha_2-\omega t)=A\cos(\alpha-\omega t) \tag{6.4}$$

其中

$$A=\sqrt{a_1^2+a_2^2+2a_1a_2\cos(\alpha_2-\alpha_1)} \tag{6.5}$$

$$\tan\alpha=\frac{a_1\sin\alpha_1+a_2\sin\alpha_2}{a_1\cos\alpha_1+a_2\cos\alpha_2} \tag{6.6}$$

式中　A—— 合成光的振幅;

　　　α—— 合成光的初相。

可见,P 点的合振动也是一个简谐振动,其振动频率与方向都与原来的单色波相同,振幅与相位由式(6.5)、(6.6)决定。

若 $a_1=a_2=a$,且令 $I_0=a^2$,$\delta=\alpha_2-\alpha_1$,则式(6.5)可写成:

$$I = 4I_0 \cos^2 \frac{\delta}{2} \tag{6.7}$$

上式表明在 P 点合振动的光强 I 取决于两光波的光强及它们的相位差。当 $\delta = 2n\pi$ 时 $(n = 0, \pm 1, \pm 2, \cdots)$，$I = I_{max} = 4I_0$，$P$ 点的光强度最大。而当 $\delta = (2n+1)\pi$ 时 $(n = 0, \pm 1, \pm 2, \cdots)$，$I = I_{min} = 0$，$P$ 点的光强度最小。

2. 两列单色光波同频率、振动方向互相垂直及具有恒定的周相差

光源 S_1、S_2 发出的两个频率相同、振动方向互相垂直的单色波的振动方向分别平行于 x、y 轴，并沿 z 轴方向传播（图 6.3）。两光波在 P 点的振动可表示为

$$E_x = a_1 \cos(kz_1 - \omega t) \tag{6.8}$$

$$E_y = a_2 \cos(kz_2 - \omega t) \tag{6.9}$$

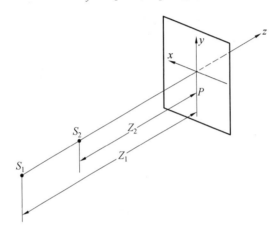

图 6.3　振动互相垂直的光波叠加

根据叠加原理，P 点合振动为

$$\boldsymbol{E} = \boldsymbol{x}_0 E_x + \boldsymbol{y}_0 E_y = \boldsymbol{x}_0 a_1 \cos(kz_1 - \omega t) + \boldsymbol{y}_0 a_2 \cos(kz_2 - \omega t) \tag{6.10}$$

消去参数 t，求得合振幅矢量末端运动轨迹方程为

$$\frac{E_x^2}{a_1^2} + \frac{E_y^2}{a_2^2} - 2\frac{E_x E_y}{a_1 a_2} \cos(\alpha_2 - \alpha_1) = \sin^2(\alpha_2 - \alpha_1) \tag{6.11}$$

式中，$\alpha_1 = kz_1$，$\alpha_2 = kz_2$。

一般情况下，式（6.11）为椭圆方程，它表示在垂直于光传播方向平面上，合振动矢量末端的运动轨迹为一椭圆，且该椭圆内切于边长为 $2a_1$ 和 $2a_2$ 的长方形，椭圆长轴与 x 轴的夹角为 ψ，这样的光称为椭圆偏振光（图 6.4）。

6.1.3　双折射

一束自然光穿过光学各向异性的晶体时分解成振动方向相互垂直的两束偏振光的现象称为光的双折射现象。天然晶体方解石、石英等均具有双折射效应，而且是其固有的特性，称为永久双折

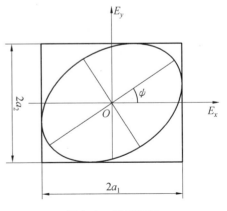

图 6.4　偏振椭圆

射。某些非晶体材料如环氧树脂、有机玻璃、聚碳酸酯等,在人为条件下,会像晶体一样表现出光学各向异性而产生双折射现象,这种现象称为人工双折射。光弹性效应就是利用了这类非晶体材料在外力作用下产生的人工双折射现象。

经双折射产生的两束光的光矢量振动方向垂直,其中遵循折射定律的叫做寻常光(简称 o 光),不遵循折射定律的一束光叫做非寻常光(简称 e 光)。这两束光在穿过晶体时速度各不相同。若 o 光比 e 光快,则此类晶体为正晶体,反之为负晶体。晶体有一特定的方向,当光束沿此方向入射时,不发生双折射现象,这个特定方向称为晶体的光轴。从晶体中平行于光轴方向切取的薄片称为波片。由正晶体切取的波片,将对应于 o 光和 e 光的振动方向分别称为波片的快轴和慢轴。

6.1.4　圆偏振光和 1/4 波片

在方程(6.11)中,如果两束光波的振幅也相同的话,那么方程(6.11)可退化为圆方程,此时的合成光称为圆偏振光,表示在垂直于光传播方向的平面上,合矢量末端的运动轨迹为圆。获得圆偏振光的条件为频率相同、振幅相同、相位差为 $\pi/2$。因此,将一束平面偏振光射入到由双折射晶体制成的波片,入射光的振动方向与波片的光轴呈 45°,通过控制波片的厚度,使射出波片的光经双折射产生的两束平面偏振光的相位差刚好是 $\pi/2$,则可满足产生圆偏振光的条件。由于相位差为 $\pi/2$ 时,相当于光程差为 1/4 波长,因此这样厚度的波片我们称之为 1/4 波片。

6.2　平面光弹性实验技术

平面光弹是指将处于平面受力状态的光弹模型置于光场中,使光线垂直入射于模型主应力所在的平面,此时沿光线传播方向,模型上各点主应力大小和方向沿模型厚度方向均保持不变。

6.2.1　应力光学定律

光源发出的自然光(白光)或单色光经过起偏振镜后形成平面偏振光。当这束平面偏振光垂直入射到受外载荷作用的光弹模型,此时模型由于外载荷作用产生变形。在弹性变形范围内,由于模型材料的人工双折射性质使得入射的平面偏振光分解为两列平面偏振光,且这两束光的振动方向分别与光入射点处模型的两个主应力方向相同。由于两列平面偏振光光波在两主应力平面内传输的速度不同,因而当穿过厚度为 d 的模型后,这两束平面偏振光的光程差 δ 为

$$\delta = (n_1 - n_2) \cdot d = Cd(\sigma_1 - \sigma_2) \tag{6.12}$$

式中　　n_1, n_2——两束平面偏振光的折射率;

　　　　C——模型材料的应力光学系数;

　　　　σ_1, σ_2——光入射点处的主应力。

式(6.12)就是平面应力－光学定律,它是平面光弹性实验的理论基础。只要测量出光程差,就可以求得模型内各点的主应力差值。应力－光学定律还可改写成:

$$N = \frac{d(\sigma_1 - \sigma_2)}{f_0} \tag{6.13}$$

式中 f_0—— 模型材料条纹值，$f_0 = \lambda/C$，单位是 N/(m·级)，它是反映模型材料灵敏度的一个重要指标，f_0 越小，材料越灵敏。

6.2.2 平面正交偏振光场

图 6.5 表示平面正交偏振光场布置图。此时，起偏镜和检偏镜的偏振轴相互正交，如果偏振光场中不放置受力模型，则通过起偏振镜的光无法通过检偏镜，投影屏上是一片黑暗，这样的光场称为暗场。

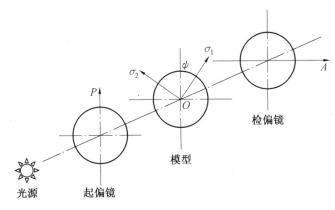

图 6.5 平面正交偏振光场布置图

由图 6.5 可知，光源发出的光经过起偏镜后，变为振动方向与起偏镜偏振轴同向的平面偏振光。当这束平面偏振光到达受力模型处，由于模型的人工双折射效应，此平面偏振光分解为沿 σ_1 和 σ_2 方向的两束平面振光。由于传输速度的不同，射出模型的两束平面偏振光有了一定的光程差。最后，这两束平面偏振光经检偏镜调制后成为振动方向相同、频率相同且具有稳定的光程差的两束平面偏振光，满足相干条件。这样，在投影屏上即可观测到明暗相间的干涉条纹。

① 单色光经起偏振镜变为平面偏振光 u，其波动方程为

$$u = A\sin \omega t \tag{6.14}$$

② 模型 O 点的主应力 σ_1 与起偏镜偏振轴夹角为 ψ，u 入射到模型表面，发生人工双折射现象，u 沿 σ_1 和 σ_2 分解为 u_1 和 u_2 两束平面偏振光：

$$u_1 = A\sin \omega t \cdot \cos \psi \tag{6.15}$$

$$u_2 = A\sin \omega t \cdot \sin \psi \tag{6.16}$$

u_1 和 u_2 通过模型后，产生位相差 ϕ，u_1 和 u_2 变为

$$u_1' = A\sin(\omega t + \phi) \cdot \cos \psi \tag{6.17}$$

$$u_2' = A\sin \omega t \cdot \sin \psi \tag{6.18}$$

③ 通过检偏镜后的合成光 u_3 为

$$u_3 = A\sin 2\psi \sin \frac{\phi}{2} \cos\left(\omega t + \frac{\phi}{2}\right) \tag{6.19}$$

u_3 为平面偏振光，$A\sin 2\psi \cdot \sin(\phi/2)$ 为其振幅。光强 I 与振幅的平方成正比，即

$$I = KA^2 \sin^2 2\psi \cdot \sin^2\left(\frac{\phi}{2}\right) \tag{6.20}$$

因为相位差 $\phi = \dfrac{2\pi\delta}{\lambda}$，所以式（6.20）也可写成：

$$I = KA^2 \sin^2 2\psi \cdot \sin^2\left(\frac{\pi\delta}{\lambda}\right) \tag{6.21}$$

如果光强 $I = 0$，则该点在成像屏上呈现为暗点，这样所有光强为零的暗点即为干涉条纹中的暗条纹。由式（6.21）可知，在两种情况下，可得到光强为零的暗条纹，分别讨论如下：

1. 等倾线

若使 $\sin 2\psi = 0$，只有 $\psi = 0°$ 或 $\psi = 90°$ 才能实现。此时在模型上的光入射点处，两个主应力方向分别和起偏镜、检偏镜的偏振轴方向相同。这样的一系列点的轨迹线在投影屏上为一条消光的黑线，称之为等倾线。由前面的分析可知，同一等倾线上各点的主应力方向相同。

通常起偏镜和检偏镜的偏振轴分别处于水平和垂直的位置，此时模型上出现的是 $0°$ 等倾线，在这条等倾线上的各点，其主应力方向之一与水平方向夹角为 $0°$。面向光源方向，同步逆时针旋转起偏镜和检偏镜以保持两偏振轴正交，即可获得任意角度的等倾线。无论光源是单色光还是白光，等倾线永远是黑线。

2. 等差线

若使 $\sin\left(\dfrac{\pi\delta}{\lambda}\right) = 0$，只有 $\dfrac{\pi\delta}{\lambda} = N\pi$，即

$$\delta = N\lambda \quad (N = 0, 1, 2, \cdots) \tag{6.22}$$

当光程差 δ 为波长 δ 的整数倍时，在检偏镜后出现消光的黑色条纹。由于 $n = 0, 1, 2, 3, \cdots$ 都满足消光条件，相应地，屏幕上就呈现一系列的黑色条纹，这些条纹代表模型中主应力差相等的点的轨迹，故称之为等差线条纹。依次称其为 0 级、1 级、2 级……等差线条纹。由于模型中应力变化是连续的，因此相邻等差线条纹级数也是连续的。白光是各种波长及各种振动方向的光的混合光，如果入射光为白光时，当射出模型的两列平面偏振光的光程差正好是某一单色光波长的整数倍时，这种波长的光就会被消掉。此时成像屏上呈现的是被消掉光的补色，此时等差线是彩色的条纹，因而也被称作是等色线。

6.2.3　圆偏振光场

在平面偏振光场中，等倾线和等差线同时出现，它们相互干扰，对观测不利。此时为了消除等倾线，可采用圆偏振光场，即在模型前后各加一块 1/4 波片，如图 6.6 所示。

单色光通过起偏振镜后成为平面偏振光：$u = A\sin\omega t$，到达第一块 1/4 波片后，沿 1/4 波片的快、慢轴分解为两束平面偏振光：

$$u_1 = A\sin\omega t \cdot \cos 45° \tag{6.23}$$

$$u_2 = A\sin\omega t \cdot \sin 45° \tag{6.24}$$

通过 1/4 波片后，相对产生的位相差为 $\pi/2$，即

$$u_1' = \frac{\sqrt{2}}{2} A\sin\left(\omega t + \frac{\pi}{2}\right) = \frac{\sqrt{2}}{2} A\cos\omega t \tag{6.25}$$

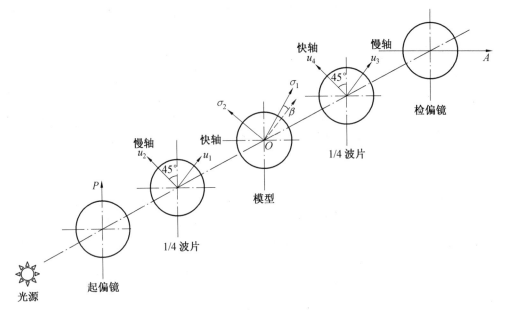

图 6.6　双正交圆偏振光场布置图

$$u'_2 = \frac{\sqrt{2}}{2} A \sin \omega t \tag{6.26}$$

　　这两束光即可合成圆偏振光,它失去了平面偏振光所具有的方向性,因而能消除等倾线,单纯得到等差线。

　　设受力模型上 O 点主应力 σ_1 的方向与第一块 1/4 波片的快轴成 $\beta(\beta=45°-\psi)$ 角,当圆偏振光到达 O 点时,又沿主应力 σ_1、σ_2 的方向分解为两束光:

$$u_{\sigma1} = u'_1 \cos \beta + u'_2 \sin \beta = \frac{\sqrt{2}}{2} A \cos(\omega t - \beta) \tag{6.27}$$

$$u_{\sigma2} = u'_2 \cos \beta - u'_1 \sin \beta = \frac{\sqrt{2}}{2} A \sin(\omega t - \beta) \tag{6.28}$$

通过模型后产生相位差 φ,即

$$u'_{\sigma1} = \frac{\sqrt{2}}{2} A \cos(\omega t - \beta + \phi) \tag{6.29}$$

$$u'_{\sigma2} = \frac{\sqrt{2}}{2} A \sin(\omega t - \beta) \tag{6.30}$$

到达第二块 1/4 波片时,光波又沿该波片的快、慢轴分解为

$$u_3 = u'_{\sigma1} \cos \beta - u'_{\sigma2} \sin \beta \tag{6.31}$$

$$u_4 = u'_{\sigma1} \sin \beta + u'_{\sigma2} \cos \beta \tag{6.32}$$

通过第二块 1/4 波片后,又产生的位相差为 $\pi/2$,即

$$u'_3 = \frac{\sqrt{2}}{2} A[\cos(\omega t - \beta + \phi)\cos \beta - \sin(\omega t - \beta)\sin \beta] \tag{6.33}$$

$$u'_4 = \frac{\sqrt{2}}{2} A[\cos(\omega t - \beta)\cos \beta - \sin(\omega t - \beta + \phi)\sin \beta] \tag{6.34}$$

最后通过检偏镜 A 后得到的偏振光为

$$u_5 = (u_3' - u_4')\cos 45° = A\sin\frac{\phi}{2}\cos\left(\omega t + 2\psi + \frac{\phi}{2}\right) \tag{6.35}$$

此合成光的强度 I 为

$$I = K\left(A\sin\frac{\phi}{2}\right)^2 = K\left(A\sin\frac{\pi\delta}{\lambda}\right)^2 \tag{6.36}$$

若 $I = 0$，则 $\dfrac{\pi\delta}{\lambda} = N\pi$，即

$$\delta = N\lambda \quad (N = 0, 1, 2, 3, \cdots) \tag{6.37}$$

式(6.37)表明，只有在光程差 δ 为单色光波长 λ 的整数倍时，消光成为黑点，形成等差线。此时，光场中的消光条纹只有等差线，没有等倾线。因此，在平面光弹实验中，欲单独对等倾线进行分析时，可利用圆偏振光场来消除等倾线的干扰。

如果使检偏镜偏振轴与起偏镜的偏振轴重合，其他元件均保持不变，则在检偏镜后的光强度 I 为

$$I = K\left(A\cos\frac{\varphi}{2}\right)^2 = K\left(A\cos\frac{\pi\delta}{\lambda}\right)^2 \tag{6.38}$$

若 $I = 0$，则 $\dfrac{\pi\delta}{\lambda} = \dfrac{m}{2}\pi$，即

$$\delta = \frac{m}{2}\lambda, \quad (m = 0, 1, 3, 5, \cdots) \tag{6.39}$$

可知此时产生消光的条件为光程差 δ 为单色光半波长 $\lambda/2$ 的奇数倍，故产生的等差线称之为半数级等差线条纹，分别为 0.5 级、1.5 级、2.5 级……

6.2.4　非整数条纹级数的确定

在暗场和明场条件下，等差线图中的整数级和半数级条纹可直接识别出来。用单色光作光源时，等差线为黑色。此时，可利用圆偏振光场消除等倾线，并调整载荷由小到大增加，观察等差线出现的次序，来确定各等差线的条纹级数。用白光作光源观察等差线时，可根据等差线色彩的变化，确定条纹级数的高低。光程差为零的区域，所有的光均被干涉而呈黑色，其条纹级数为零。随光程差的增加，等差线色序是按由黄到红再到绿的规律发生变化，这给出了条纹级数增加的方向，从而可以确定各等差线的条纹级数。

但对模型进行应力分析时，在等差线比较稀疏的地方，如果仅知道整数级或半数级条纹的级数，则不能满足准确分析的要求。此时，需要确定模型中某些点的非整数级等差线条纹的级数。常用的方法是补偿法，即将测点的光程差补偿到入射光波长的整数倍，使之在暗场中发生消光。塔迪(Tardy)补偿法是最常用的补偿方法，其原理为：如图 6.6 所示，采用双正交圆偏振布置，首先调整起偏镜和检偏镜的偏振轴 P 和 A 分别与被测点的两个主应力方向重合。单独转动检偏镜 A，直至使被测点 O 消光，即相邻的等差线移至该点，记下检偏镜的偏振轴转过的角度 θ。

设测点两旁相邻的两个整数条纹级数为 $(N-1)$ 和 N，如检偏镜向某方向转动角度 θ_1 时，N 级条纹移至测点，则测点的条纹级数为

$$N_0 = N - \frac{\theta_1}{\pi} \tag{6.40}$$

如检偏镜向另一方向转动角度 θ_2 时，$N-1$ 级条纹移至测点，则测点的条纹级数为

$$N_0 = (N-1) + \frac{\theta_2}{\pi} \tag{6.41}$$

6.2.5　主应力分离

1. 自由边界

在无外力作用的边界上，有一个主应力等于零，另一个主应力与边界相切，即边界应力，可直接由式（6.42）求得

$$\sigma_t = \pm N \frac{f_0}{d} \tag{6.42}$$

2. 内部应力计算 —— 剪应力差法

根据弹性力学可知，平面应力或平面应变状态下，一点的应力状态由该点的主应力及主方向三个量确定。由于光弹测试中只能给出主应力差及主应力方向，尚缺少一个条件。这样，要确定内部应力需补充一些条件才可完成，如借助于全息光弹实验获取等和线，或借助于理论计算手段得出主应力。最简单且最常用的是基于直角坐标系的剪应力差法来分离主应力。

由弹性力学可知，如图 6.7 所示的平面问题中一点的应力与主应力及主方向的关系如下：

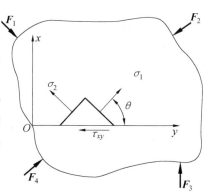

图 6.7　平面应力状态模型

$$\sigma_x = \frac{\sigma_1 + \sigma_2}{2} + \frac{\sigma_1 - \sigma_2}{2} \cos 2\theta$$

$$\sigma_y = \frac{\sigma_1 + \sigma_2}{2} - \frac{\sigma_1 - \sigma_2}{2} \cos 2\theta \tag{6.43}$$

$$\tau_{xy} = \frac{\sigma_1 - \sigma_2}{2} \sin 2\theta$$

对其进行整理可得到

$$\tau_{xy} = \frac{1}{2}(\sigma_1 - \sigma_2) \sin 2\theta = \frac{f_0}{2d} \sin 2\theta \tag{6.44}$$

不计体力时，弹性力学平面问题的平衡方程为

$$\frac{\partial \sigma_x}{\partial x} + \frac{\partial \tau_{xy}}{\partial y} = 0$$

$$\frac{\partial \tau_{xy}}{\partial x} + \frac{\partial \sigma_y}{\partial y} = 0 \tag{6.45}$$

以求得 σ_x 为例，对 x 积分上式中的第一式，可得

$$(\sigma_x)_i = (\sigma_x)_0 - \int_0^i \frac{\partial \tau_{xy}}{\partial y} \mathrm{d}x \tag{6.46}$$

用有限差分的代数和代替积分，则有

$$(\sigma_x)_i = (\sigma_x)_0 - \sum_j \Delta \tau_{xy} \frac{\Delta x}{\Delta y} \tag{6.47}$$

由式（6.47）可知，要计算某一截面 Ox 上的正应力 σ_x，首先在该分析截面的两侧作相距

为 Δy 的两个辅助截面 AB 和 CD，并将 Ox 等分（图 6.8）。然后从边界开始逐点求和，以确定各个分点的 σ_x 值。这样式(6.47)可表示为

$$(\sigma_x)_i = (\sigma_x)_{i-1} - \Delta\tau_{xy}\Big|_{i-1}^{i}\frac{\Delta x}{\Delta y} \tag{6.48}$$

式中　　$\Delta\tau_{xy}$ —— 上、下两个辅助截面的剪应力差值，即 $\Delta\tau_{xy} = \tau_{xy}^{AB} - \tau_{xy}^{CD}$，而 $\Delta\tau_{xy}\Big|_{i-1}^{i}$ 表示相

邻两点 $i-1$ 和 i 的剪应力差的平均值，即

$$\Delta\tau_{xy}\Big|_{i-1}^{i} = \frac{(\Delta\tau_{xy})_{i-1} + (\Delta\tau_{xy})_i}{2} \tag{6.49}$$

求出 σ_x 后，σ_y 可由式(6.43)求得。

实际使用剪应力差法时，为简化计算，可取 $\Delta x = \Delta y$。同时需要注意的是，如果应力梯度变化比较大时，Δx 应取得小一些，以保证获取更为准确的结果。

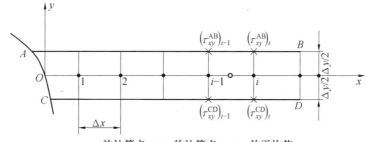

•σ_x的计算点　×τ_{xy}的计算点　○$\Delta\tau_{xy}$的平均值

图 6.8　剪应力差法计算示意图

6.3　光弹性基本实验

工程实际中有很多构件，它们的形状很不规则，载荷情况也很复杂，对这些构件的应力分布进行理论分析有时非常困难，往往需要实验的方法来解决，光弹性实验就是其中之一。

光弹性实验方法是一种光学的应力测量方法，因为测量是全域性的，直观性强，能有效而准确地确定受力模型各点的主应力差和主应力方向，并能计算出各点的主应力数值。尤其对构件应力集中系数的确定，光弹性试验法显得特别方便和有效。

光弹仪由光源、准直透镜、起偏振镜、1/4 波片、加载架、检偏振镜、视场透镜、成像屏幕或相机等部件组成（图 6.9）。

6.3.1　光弹材料条纹值的测定

制作光弹性模型的环氧树脂材料具有人工双折射效应。要精确地进行应力的测试，首先应对材料的这种人工双折射性能进行测定，主要是材料条纹值的测定。材料条纹值 f 表示单位厚度光弹性材料产生一级等差线条纹时所需的主应力差值。

6.3.1.1　实验目的

① 了解光弹性仪的构造及光弹性实验的原理和方法。

② 观察平面模型受力后在平面偏振光场和圆偏振光场下的光学效应。

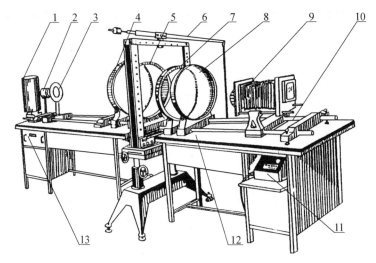

图 6.9　光弹仪的构造

1—光源;2—集光器;3—遮光器;4—准直透镜;5—起偏振镜、1/4 波;6—加载架;7—1/4 波片、检偏振镜;8—视场透镜;9—成像屏幕或相机;10—移动导轨;11—同步控制器;12—试验台;13—电源

③ 等差线和等倾线的绘制与判别。

④ 了解判定条纹级数的方法,了解测定材料条纹值的方法。

6.3.1.2　实验仪器设备

① 光弹仪(409—Ⅲ 型)。

② 游标卡尺。

③ 环氧树脂圆盘试样。

6.3.1.3　实验原理

如图 6.10 所示的对径受压圆盘,直径为 D,厚度为 h,载荷 F 沿 y 轴作用。$y=0$ 时,沿水平线上各点的应力为

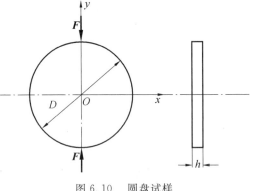

图 6.10　圆盘试样

$$\sigma_x = \frac{2F}{\pi Dh}\left[1 - \frac{16D^2 x^2}{(D^2 + 4x^2)^2}\right]$$

$$\sigma_y = -\frac{2F}{\pi Dh}\left[\frac{4D^2 x^2}{(D^2 + 4x^2)^2} - 1\right]$$

(6.50)

为了计算方便,取圆盘中心进行分析。在圆盘中心 O 点处于两向应力状态,其主应力分别为

$$\sigma_1 = \sigma_x = \frac{2F}{\pi Dh}$$

$$\sigma_2 = \sigma_y = -\frac{6F}{\pi Dh}$$

(6.51)

主应力差为

$$\sigma_1 - \sigma_2 = \frac{8F}{\pi Dh}$$

(6.52)

由应力—光学定律:

$$\sigma_1 - \sigma_2 = \frac{Nf}{h} \tag{6.53}$$

因此材料的条纹值为

$$f = \frac{8F}{\pi D N_0} \tag{6.54}$$

式中　N_0——圆盘中心 O 点的条纹级数。

6.3.1.4　实验步骤

① 打开光弹性仪的电源。

② 测量圆盘试样的尺寸。

③ 安装圆盘试样,使其对径受压。

④ 布置正交平面偏振光场,绘制等倾线图。

⑤ 布置正交圆偏振光场,绘制差线图。

⑥ 调整载荷,当试样的上、下边缘出现 $n = 4$ 级等差线条纹时,读取测力计所示的载荷值 F。

⑦ 关闭光源,卸掉载荷,取下试样。

6.3.1.5　结果处理与分析

按实验原理所述完成材料条纹值的计算,并完成实验报告。

6.3.1.6　讨论及思考

① 光弹法进行应力分析的基本原理是什么?

② 如何在光弹性仪上布置正交平面偏振光场和正交圆偏振光场?

③ 为何要准确地测定光弹性材料的条纹值?

④ 什么叫等差线(等色线)和等倾线? 如何区分等差线和等倾线?

⑤ 如何利用纯弯梁来测定材料的条纹值?

6.3.2　剪应力差法分析三点弯曲梁的截面应力

6.3.2.1　实验目的

① 了解光弹性仪的构造及光弹性实验的原理和方法。

② 观察平面模型受力后在平面偏振光场和圆偏振光场下的光学效应。

③ 等差线和等倾线的绘制与判别。

④ 小数级等差线条纹级数的确定。

⑤ 掌握剪应力差法分离主应力。

6.3.2.2　实验仪器设备

① 光弹仪(409 − Ⅲ 型)。

② 游标卡尺。

③ 纯弯曲梁试样。

6.3.2.3　实验原理

见 6.2.5 节中的剪应力差法。

6.3.2.4 实验步骤

① 打开光弹性仪的电源。

② 测量试样的尺寸。

③ 安装试样。

④ 在投影屏上选择模型上的某一截面作为分析截面,并在其两侧做好辅助截面,同时将分析截面和辅助界面等分成若干份,并对各个分点进行编号。

⑤ 布置正交平面偏振光场,观察等倾线图,确定各分点的等倾角。

⑥ 布置正交圆偏振光场,观察等差线图。

⑦ 在某一载荷下,利用塔迪补偿法,确定各个分点的小数级条纹级数,并记下此时的载荷值 F。

⑧ 关闭光源,卸掉载荷,取下试样。

6.3.2.5 结果处理与分析

按剪应力差法计算截面各点的主应力大小、绘制截面应力图,并完成实验报告。

6.3.2.6 讨论及思考

① 在等差线图上怎样识别危险点?梁的三点弯曲和四点弯曲模型危险点在哪里?

② 怎样用本实验说明"力的局部作用 —— 圣维南原理"?

③ 如何确定边界应力的符号?

6.3.3 带孔平板孔边应力集中系数的测定

6.3.3.1 实验目的

① 了解光弹性仪的构造及光弹性实验的原理和方法。

② 观察平面模型受力后在平面偏振光场和圆偏振光场下的光学效应。

③ 等差线和等倾线的绘制与判别。

④ 小数级等差线条纹级数的确定。

⑤ 测定孔边应力集中系数。

6.3.3.2 实验仪器设备

① 光弹仪(409—Ⅲ 型)。

② 游标卡尺。

③ 带孔平板试样。

④ 加载砝码。

6.3.3.3 实验原理

如图 6.11 所示中心带有圆孔的平板试样,板受到轴向拉力 F 作用。孔边的 A 点(或 A' 点)的应力最大,因此条纹级数也最高。该点的最大应力为

$$\sigma_{\max} = n_{\max} \frac{f}{h}$$

孔边应力集中系数 $n_{\max}$ 定义为孔边最大应力与板横截面上平均应力的比值,因此有

$$\alpha_k = \frac{\sigma_{\max}}{\sigma_m} = \frac{n_{\max}\dfrac{f}{h}}{F/(bh)} = \frac{n_{\max}fb}{F}$$

式中　　d——板厚；

　　　　b——板的宽度。

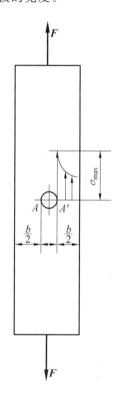 

图 6.11　中心带圆孔平板试样及其等差线图

6.3.3.4　实验步骤

① 打开光弹性仪的电源。

② 测量试样的尺寸。

③ 安装试样。

④ 布置正交圆偏振光场,逐级加载,观察等差线条纹的变化。

⑤ 在某一载荷下,利用塔迪补偿法,确定孔边 A 点的小数级条纹级数,并记下此时的载荷值 F。

⑥ 关闭光源,卸掉载荷,取下试样。

6.3.3.5　结果处理与分析

按实验原理所述完成应力集中系数的计算,并完成实验报告。

6.3.4　光弹实验注意事项

① 严格避免用手触摸仪器的各光学镜面。

② 光学镜面上的灰尘和污渍要用专用工具清除。

③ 给试样加载时要缓慢,并注意不要过载。

6.4 云纹干涉技术

传统的几何云纹法是对构件进行全场应变测量的一种重要方法。在测量中,通常使用的云纹栅片的栅线密度小于40线/mm,此时需要至少0.025 mm的变形量才可产生一级云纹条纹,这使得只有当构件的变形较大时才可应用该方法测量。对于在弹性范围内的小的变形量,几何云纹法无法满足测量的要求。自弗吉尼亚理工大学的Daniel Post 最早提出云纹干涉法的测试思想以来,云纹干涉法在实验测试技术和工程应用方面得到了迅速的发展。云纹干涉法可用于测量固体由于机械力、温度、环境因素变化引起的微小变形。早期的云纹干涉技术主要对面内位移进行测量,现在已推广到离面位移的测量,并实现了三维位移场及其导数场的直接测量。白光云纹干涉法、高温和零厚度高频光栅技术的相继使用,使云纹干涉法的应用范围日益扩大。云纹干涉法对应的测量灵敏度的理论上限为$\lambda/2$的条纹位移,因此,云纹干涉法是一种高精度测量方法。云纹干涉法具有高灵敏度、实时全场观测、非接触、良好的条纹质量等优点,该技术受到广大实验力学工作者的高度重视,现已广泛应用于复合材料、多晶材料、层合材料、压电材料、断裂力学、生物力学、结构应力分析等领域。

6.4.1 云纹干涉的基本原理

6.4.1.1 光栅

衍射光栅简称光栅(图6.12),是一种由密集的等间距平行刻线构成的光学器件。按其制作方法可分为两大类:刻划光栅和全息光栅,刻划光栅可以做成平面和内凹形状,对特定的光波具有较高的衍射效率。全息光栅一般是用光学方法制作的,它的衍射波具有很好的偏振态和非常好的波前(波传播到某一位置处等相位面组成的曲面)。

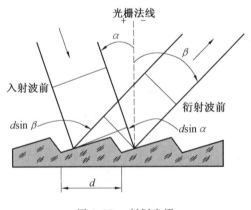

图6.12 刻划光栅

全息衍射光栅是在激光全息技术出现后的产物。它是利用相干光源,以光致抗蚀剂作为记录材料,通过曝光、显影、定影来制造衍射光栅。目前衍射光栅的制造正朝着高效率、大面积、新品种等方向发展,尤其是全息光栅,以其高效率、大面积、低成本的优势而成为热点。

衍射光栅是基于夫琅禾费多缝衍射效应工作的。当两束准直的激光以一定的角度在空间相交时(图 6.13),在其相交的重叠区域两束光将会发生干涉现象,即光波相互叠加。在光波相互叠加的区域,当两束光的光程差为波长的整数倍时,光强变强;而当两束光的光程差为波长的奇数倍时,光强相消,即在空间将形成一系列明暗相间的干涉条纹。条纹的疏密与两束相干光的夹角及波长大小有关。也就是说,在两束光的相交区域,将产生一个稳定的具有一定空间频率的光栅,光栅的频率与激光波长 λ 及两束激光的夹角 2α 有关。光栅的频率为

$$f = \frac{2\sin \alpha}{\lambda} \tag{6.55}$$

式中　　f——光栅的频率;

　　　　λ——入射光的波长;

　　　　2α——两个入射光的夹角。

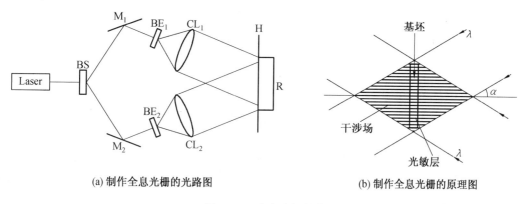

(a) 制作全息光栅的光路图　　　　　　　(b) 制作全息光栅的原理图

图 6.13　全息光栅制作

Laser— 激光器;BS— 分光镜;BE$_1$,BE$_2$— 扩束镜;M$_1$,M$_2$— 反光镜;CL$_1$,CL$_2$— 准直镜;

H— 全息干板;R— 旋转台

目前,云纹干涉技术中主要使用的参考光栅为单向光栅,其栅线频率为 2 400 线/mm,而试样栅通常为两个方向的正交光栅,栅线频率为 1 200 线/mm,可以在一次加载中测试到 x 轴、y 轴两个方向的位移场。

6.4.1.2　Moiré 条纹

当两个光栅叠加在一起时,就会产生 Moiré 条纹。几何云纹法中 Moiré 条纹形成的原因主要是挡光积分效应,如图 6.14(a) 所示。由于两光栅之间有一个微小的倾斜角 θ,使其栅线相互交叉,在焦点附近黑线重叠,挡光少,在这个区域出现亮带。相反远离交点的地方,黑栅线重叠少,挡光多,而出现暗带,其节距为 W。而在云纹干涉法中,光线通过光栅栅线衍射后产生干涉的结果,如图 6.14(b) 所示。当光线以 α 角入射到标尺光栅 G_s,直线传播的 0 级和 1 级衍射在通过指示光栅 G_i 时又分成 4 级,其中相同方向的两束光(0,1) 和(1,0),因干涉而产生 Moiré 条纹。

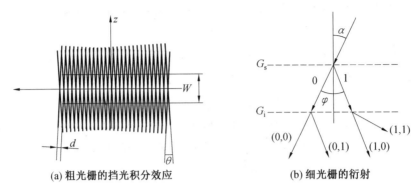

(a) 粗光栅的挡光积分效应　　　　(b) 细光栅的衍射

图 6.14　Moiré 条纹的形成

6.4.1.3　测试原理

当波长为 λ 的准直单色光波以 α 角斜入射于频率为 f 的光栅平面时,光线将从不同角度以集中能量的形式产生多级衍射波,衍射角度为 φ 由式(6.56)决定:

$$\sin \varphi \pm \sin \alpha = f k \lambda \quad (k=0, \pm 1, \pm 2, \pm 3, \cdots) \tag{6.56}$$

式中　k——衍射级别。

若试样受力后产生变形,其变形信息就会反映在各级衍射波中,试样表面位移的变化情况会引起相应衍射波的位相变化。因而可根据衍射波干涉条纹形状及变化,测量出试样表面的变形分布及其变化。

当对称入射的两束相同能量的准直相干光 A 和 B 的入射角 α,若要使其第一级衍射角 $\varphi_1 = 0$,则有

$$\alpha = \arcsin(f\lambda) \tag{6.57}$$

即 A 和 B 的 ± 1 级衍射光波 A',B' 均沿试样栅法线方向传播。如果试样栅非常平整,试样亦未产生任何变形,则两个正、负一级衍射波 A',B' 可以看成平面波,分别表示为

$$A' = A e^{i\varphi_a}$$
$$B' = A e^{i\varphi_b} \tag{6.58}$$

式中　A——衍射波 A',B' 的振幅,对于平面波位相 φ_a 和 φ_b 皆为常数。

当试样受力发生变形时,平面波变为和表面变形相关的翘曲波前 A'' 和 B'',可分别表示为

$$A'' = A e^{i[\varphi_a + \varphi_a(x,y)]}$$
$$B'' = A e^{i[\varphi_b + \varphi_b(x,y)]} \tag{6.59}$$

式中　$\varphi_a(x,y)$,$\varphi_b(x,y)$——由于试样表面位移变化而引起的位相变化。

当试样表面具有三维位移时,位相变化 $\varphi_a(x,y)$ 和 $\varphi_b(x,y)$ 与 x,z 方向位移 u 和 w 有关,且由变形几何分析可知:

$$\varphi_a(x,y) = \frac{2\pi}{\lambda}[w(x,y)(1+\cos \alpha) + u(x,y)\sin \alpha]$$
$$\varphi_b(x,y) = \frac{2\pi}{\lambda}[w(x,y)(1+\cos \alpha) - u(x,y)\sin \alpha] \tag{6.60}$$

两束衍射波前经过成像系统后在像平面上形成干涉条纹的光强分布可表示为

$$I = (A'' + B'')(A'' + B'')^* = 4A^2 \cos^2 \frac{1}{2}[(\varphi_a - \varphi_b) + \varphi_a(x,y) - \varphi_b(x,y)] \tag{6.61}$$

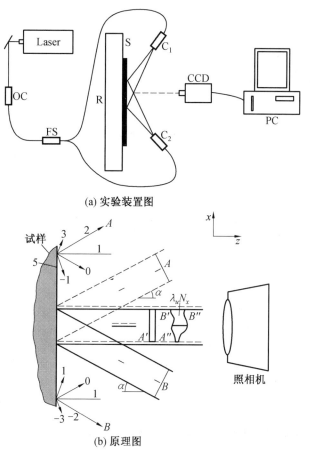

(a) 实验装置图

(b) 原理图

图 6.15 云纹干涉法的实验装置及测试原理图

Laser— 激光器;OC— 光纤耦合器;FS—Y 型光纤;C_1,C_2— 光纤夹持器;
S— 试件;R— 可旋转工作台;CCD— 摄像机;PC— 计算机

令:$m = \varphi_a - \varphi_b$,它是两束平面波 A' 和 B' 的初始位相差,为一常数;并可等效于试样平移产生的均匀位相。在理想状态下,$m = 0$。

$$\delta(x,y) = \varphi_a(x,y) - \varphi_b(x,y) \tag{6.62}$$

它是试样变形后两束翘曲衍射波前的相对位相变化。

由公式(6.60)、(6.62)可得

$$\delta(x,y) = \frac{4\pi}{\lambda} u(x,y)\sin\alpha \tag{6.63}$$

由公式(6.61)知,当 $\delta(x,y) = 2N_x\pi - m$ 时,干涉条纹出现最大光强度。代入式(6.63)得

$$u(x,y)\sin\alpha = \frac{\lambda}{4\pi}(2N_x\pi - m) \tag{6.64}$$

当入射光满足 $\alpha = \arcsin(f\lambda)$,并且 $m = 0$ 时,则

$$u(x,y) = \frac{N_x}{2f} \tag{6.65}$$

式中 f—— 试样栅频率;

$u(x,y)$——任意点沿 x 方向位移;

N_x——该点条纹级数,即干涉条纹是位移沿 x 方向分量 $u(x,y)$ 的等值线。

若需获得沿 y 方向面内位移分量 $v(x,y)$,可使试样栅的栅线方向旋转 $90°$,并使试样及其加载系统相对于光路系统也旋转 $90°$,可得其位移表达式:

$$v(x,y) = \frac{N_y}{2f} \tag{6.66}$$

如果在 x 和 y 轴之间还有一个 k 方向的光栅,比如 k 处在它们的角平分线上,则可以得到第三个面内位移分量 $s(x,y)$,可使试样栅的栅线方向旋转 $45°$,并使试样及其加载系统相对于光路系统也旋转 $45°$,可得其位移表达式:

$$s(x,y) = \frac{N_k}{2f} \tag{6.67}$$

由弹性力学可知,面内应变分量与位移场的关系:

$$\varepsilon_x = \frac{\partial u}{\partial x} = \frac{1}{2f}\frac{\partial N_x}{\partial x} \approx \frac{1}{2f}\frac{N_{x2}-N_{x1}}{\Delta x}$$

$$\varepsilon_y = \frac{\partial v}{\partial y} = \frac{1}{2f}\frac{\partial N_y}{\partial y} \approx \frac{1}{2f}\frac{N_{y2}-N_{y1}}{\Delta y} \tag{6.68}$$

$$\varepsilon_k = \frac{\partial s}{\partial k} = \frac{1}{2f}\frac{\partial N_k}{\partial k} \approx \frac{1}{2f}\frac{N_{k2}-N_{k1}}{\Delta k}$$

若只有两个方向的位移场,则可以再求一个剪应变来确定平面内的 3 个应变。

$$\gamma_{xy} = \frac{\partial u}{\partial y} + \frac{\partial v}{\partial x} \tag{6.69}$$

6.4.2   云纹干涉实验 —— 弹性模量和泊松比的测试

6.4.2.1   实验目的

① 掌握云纹干涉技术的基本原理。

② 掌握由平面内位移场得到相关应变场的方法。

6.4.2.2   实验原理

见 6.4.1 节。

6.4.2.3   实验装置

图 6.16(a) 只是标明单方向的云纹干涉原理图,图 6.16(b) 则标明两个方向位置的布置。图中主要元器件及功能如下:

①Laser:激光器,He－Ne 激光或其他波长的可见光激光器,提供相干光源。

②BE:扩束镜,将激光器发出的光束直径扩大,放大倍数分别可以 $20\times$、$40\times$、$60\times$。

③CL:准直镜,将扩束后的发散光变成平行等直径的平面波前光,其直径为 $\Phi=206$ mm,焦距 $f=600$ mm;它同时入射到四个全反镜上:M_1,M_2,M_1',M_2',经过这四个全反镜光再入射到 M_3,M_4,M_3',M_4' 进行二次全反射(图中只画出一个方向的全反镜 M_1,M_2,M_3,M_4,另一个方向的全反镜位置参照图 6.16(b))。

④M_1,M_2,M_3,M_4,M_1',M_2',M_3',M_4':全反镜,反射效率不小于 99%。通过调整它们的位置以保证所需的四束光路有合适的入射方向。

⑤H:可调节工作台,安装调试试样。

⑥CCD:摄像机,获取干涉条纹的视频信号。

⑦PZT:相移驱动装置。

⑧PC:计算机,信号采集与数据处理。

在图 6.16(b) 中 A 和 B 代表图 6.16(a) 中的 M_3,M_4,它可以在水平方向产生云纹干涉,形成水平方向位移场(U 场),而 C 和 D 则可以在垂直方向产生云纹干涉,形成垂直方向位移场(V 场)。

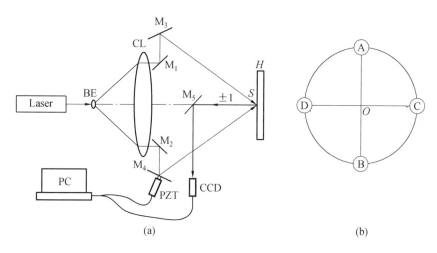

图 6.16　四光路云纹干涉仪示意图

6.4.2.4　实验步骤

①将表面带有正交光栅的试样 S 安放在可调节工作台的中心,调整试样的位置,使光栅的两个方向分别处在水平、竖直方向。

②开启激光器,从激光器发出的激光,经过扩束、准直后成为直径为 206 mm 的平行光分别入射到 M_1,M_2,M_1',M_2',经过这四个全反镜光再入射到 M_3,M_4,M_3',M_4',进行二次全反射,调整各个反射镜的位置与角度,使它们的中心以相同的角度(与试样表面的法线方向的夹角,$\alpha = \arcsin(f\lambda)$)入射到试样上的同一点。

③细调各个全反镜的位置和方向,使得四束入射光的 +1 或 -1 级衍射光与试样表面的法线方向一致。这样 M_3,M_4 的 +1 或 -1 级衍射光在空间叠加产生干涉条纹,这个干涉条纹相当于一个虚光栅,它与试样上水平方向光栅方向一致,并叠加产生 Moiré 条纹,即零场;同理 M_3',M_4' 可以产生垂直方向的零场。用 CCD 纪录并保存这两个方向的 Moiré 条纹。

④加载,使试样发生形变(典型拉伸试样如图 6.17 所示),它会带动其表面的试样栅一起变化,而处在空间的 M_3,M_4,M_3',M_4' 并没有发生变化,即虚光栅没有变化,它与变化了的试样栅叠加在一起时,会分别在水平、竖直都产生 Moiré 条纹,即产生两个位移场:U 场和 V 场,这两个位移场与变形前的 Moiré 条纹比较,便可得到试样的变形情况。

通过 U 场和 V 场,根据式(6.68)可求出沿加载方向的应变 ε_x 和与其垂直的应变 ε_y。则泊松比为

$$\mu = -\frac{\varepsilon_y}{\varepsilon_x} \tag{6.70}$$

弹性模量为

$$E = \frac{\sigma_x}{\varepsilon_x} = \frac{\Delta F}{S\varepsilon_x} \tag{6.71}$$

式中　　ΔF—— 所加载荷；

　　　　S—— 截面积。

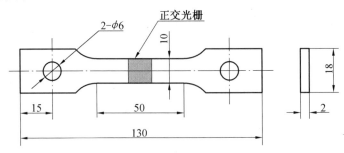

图 6.17　试件尺寸及光栅位置

6.4.2.5　实验数据处理

按实验原理及步骤所述完成相应的计算,并完成实验报告。

6.4.2.6　问题与讨论

① 试举例说明云纹干涉技术可能的应用领域。

② 应用云纹干涉法与电阻应变片测试材料的弹性常数有何异同?

6.4.3　云纹干涉实验 —— 应力集中系数的测试

6.4.3.1　实验目的

① 了解云纹干涉法的基本原理,掌握云纹干涉法操作技术。

② 测定应力集中系数。

6.4.3.2　实验设备

① 云纹干涉仪。

② 已转移光栅的带圆孔拉伸试样。

② 游标卡尺。

6.4.3.3　实验原理

见 6.4.1 节。

6.4.3.4　实验步骤

① 量取试样尺寸,注意切勿触摸试样栅。

② 安装拉伸试样。

③ 开启激光器,打开 U 场光路开关,调节加载架调节座和 U 场光路反光镜调节旋钮,使两束衍射光点在中轴线上的聚焦点,即与毛玻璃十字丝中心重合。

④ 调节成像镜头和成像距离以及加载架调节座,观察显示器屏幕,使成像清晰,大小合适,试样位置居中。

⑤ 观察计算机显示屏上的干涉条纹,继续调节 U 场反光镜旋钮,使屏幕上的干涉条纹最少,以获得 U 场的零场。

⑥ 关闭 U 场光路开关,打开 V 场光路开关。和调节 U 场一样,调节 V 场光路反光镜旋钮,以获得 V 场的零场条纹图。

⑦ 施加适当载荷,观察 U 场条纹图,如条纹出现不对称现象,表明试样有面内转动,可调节加载架调节座的旋钮,使条纹图恢复对称。

⑧ 反复检查 U 场和 V 场条纹图,将两幅条纹图采集和保存在计算机内,并记录下载荷大小。

⑨ 整理复原实验环境。

6.4.3.5　实验数据处理

根据 V 场条纹图中孔边上下对称断面上相邻两条纹的间距,计算该断面上的 ε_y 分布,并计算孔边的应力集中系数 K。

6.5　电子散斑干涉技术实验

电子散斑干涉技术(ESPI)测离面位移具有实时、灵敏、全场测量等特点,在变形场测量、振型测量及工业无损检测方面具有广泛的应用。

6.5.1　实验目的

① 掌握电子散斑干涉技术的基本原理。
② 掌握 ESPI 测量物体离面位移的方法和技术。
③ 了解散斑干涉数据处理方法。

6.5.2　实验装置

实验装置和光路如图 6.18 所示。

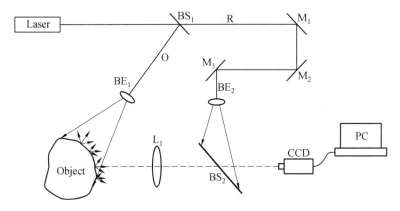

图 6.18　电子散斑干涉技术光路图

Laser— 激光器；Object— 被测物体；BS$_1$— 分光镜；BS$_2$— 半透半反镜；M$_1$,M$_2$,M$_3$— 反射镜；BE$_1$,BE$_2$— 扩束镜；L$_1$— 成像透镜；CDD— 摄像机；PC— 计算机

6.5.3 实验原理

由激光器发出的单束光经扩束后照射到另一个分光棱镜,然后与物体漫射光相汇合而形成干涉。前者是参考光 R,后者是物光 O。这两束光可以表示为

$$U_O(r) = u_O(r)\exp \phi_O(r)$$
$$U_r(r) = u_r(r)\exp \phi_r(r) \tag{6.72}$$

其中 $u_O(r)$,$u_r(r)$ 是物光 O 和参考光 R 的振幅,$\phi_O(r)$,$\phi_r(r)$ 是经物体漫射后的物光相位和参考光的相位。

物光与参考光在 CCD 靶面上汇合,两束光的合成光强为

$$I(r) = u_O^2 + u_r^2 + 2u_O u_r \cos(\phi_O - \phi_r) \tag{6.73}$$

当被测物体发生变形后,表面各点的散斑场振幅 $u_O(r)$ 基本不变,而相位 ϕ_O 改变为 $\phi_O - \Delta\phi(r)$,即 $U_O'(r) = u_O(r)\exp[\phi_O(r) - \Delta\phi(r)]$,而变形前后的参考光波维持不变。这样,变形前后的合成光强为

$$I'(r) = u_O^2 + u_r^2 + 2u_O u_r \cos[\phi_O - \phi_r - \Delta\phi(r)] \tag{6.74}$$

对变形前后的两个光强相减处理:

$$\bar{I} = |\, I'(r) - I(r)\,| = \left| 4u_O u_r \sin\left[(\phi_O - \phi_r) + \frac{\Delta\phi(r)}{2}\right] \sin\frac{\Delta\phi(r)}{2} \right| \tag{6.75}$$

可见,得到的光强包含有高频载波项 $\sin\left[(\phi_O - \varphi_r) - \frac{\Delta\varphi(r)}{2}\right]$ 和低频条纹 $\sin\frac{\Delta\varphi(r)}{2}$。该低频条纹取决于物体变形引起的光波相位改变,光波相位改变与物体变形的关系如下:

$$\Delta\phi(r) = \frac{2\pi}{\lambda}\big[d_1(1 + \cos\theta) + d_2\sin\theta\big] \tag{6.76}$$

式中　　λ——激光波长;

　　　　θ——物光与物体表面法线的夹角;

　　　　d_1——物体变形的离面位移;

　　　　d_2——物体变形的面内位移。

为使得光路对离面位移敏感,角度 θ 应较小,此时,$\cos\theta \approx 1$,$\sin\theta \approx 0$,相位变化可简化为

$$\Delta\phi(r) = \frac{4\pi}{\lambda}d_1 \tag{6.77}$$

在暗条纹处,由式(6.75)可知,$\Delta\phi = 2k\pi$,此时有

$$d_1 = \frac{k\lambda}{2} \tag{6.78}$$

即暗条纹处的离面位移是半波长的整数倍。

6.5.4 实验步骤

① 按图 6.18 所示布置光路。激光束与台面平行,各器件同轴等高,分光平片反射的物光经空间滤波器扩束并滤波,均匀光斑照明离面位移待测物,通过成像镜头,待测物的像清晰地成在 CCD 上。参考光经反射镜和分光棱镜反射并扩束滤波后与物光波汇合同时进入 CCD。

② 测量参考光光程与物光光程,如果这两个光程不等,可以适当移动实验物体或相关的光学元件位置,使这两个光程大致相等。

③ 打开计算机中的图像处理软件,使用其实时显示功能,并屏蔽住参考光,调节镜头焦距和光圈,使在电脑上看到待测物所成清晰的像。

④ 比较参考光与物光光强。通常情况下,参考光光强较强,在参考光路放入圆形可调衰减器,适当调节使参考光与物光光强大致相等。

⑤ 对被测物加载,使其产生微小的离面位移,通过图像处理软件实时剪切观测条纹的产生以及变化情况。

⑥ 当监测到一幅清晰的条纹图时,利用图像处理软件采集散斑图,同时,记下载荷差值,然后将条纹图保存起来(图 6.19)。

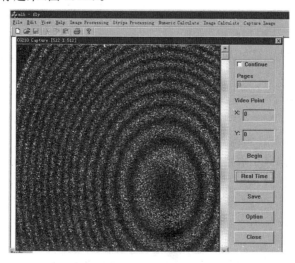

图 6.19　ESPI 测量离面位移的软件操作窗口

6.5.5　实验结果分析处理

① 实验参数记录及数据处理(表 6.1)。

表 6.1　实验参数记录及数据处理

激光波长 λ/nm	试样尺寸 /mm	材料常数	中心点离面位移 d_1	载荷差
632.8	$t =$	$\mu =$	$d_1 = k\lambda/2$	
	$r =$	$E =$		

② 求试样中心点的离面位移 d_1。

③ 根据理论计算结果,计算理论与实验测试结果的差值。

参考文献

[1] 哈尔滨工业大学理论力学教研室.理论力学Ⅰ[M].8版.北京:高等教育出版社,2017.

[2] 张少实.新编材料力学[M].3版.北京:机械工业出版社,2018.

[3] 范钦珊,王杏根,陈巨兵,等.工程力学实验[M].北京:高等教育出版社,2011.

[4] 钱绍圣.测量不确定度[M].北京:清华大学出版社,2002.

[5] 周开学,李书光.误差与数据处理理论[M].北京:中国石油大学出版社,2002.

[6] 吴石林,张玘.误差分析与数据处理[M].北京:清华大学出版社.2010.

[7] 张如一,沈观林,李朝.应变电测与传感器[M].北京:清华大学出版社,1999.

[8] 董永贵.传感技术与系统[M].北京:清华大学出版社,2006.

[9] 周乐挺.传感器与检测技术[M].北京:高等教育出版社,2005.

[10] 赵勇.光纤传感原理与应用技术[M].北京:清华大学出版社.2007.

[11] 王开福.现代光测及其图像处理[M].北京:科学出版社,2013.

[12] 盖秉政.实验力学[M].哈尔滨:哈尔滨工业大学出版社,2006.

[13] 计欣华,邓宗白,鲁阳,等.工程实验力学[M].2版.北京:机械工业出版社,2010.

[14] 王杏根,胡鹏,李誉.工程力学实验[M].武汉:华中科技大学出版社,2008.

[15] 刘鸿文,吕荣坤.材料力学实验[M].4版.北京:高等教育出版社,2017.

[16] 赵志刚.工程力学实验[M].北京:机械工业出版社,2008.

[17] 许吉信.材料力学实验[M].西安:西北工业大学出版社,2010.

[18] 振动冲击手册编辑委员会.振动冲击手册(第一卷)基本理论和分析方法[M].北京:国防工业出版社,1988.

[19] 寇胜利.汽轮发电机组的振动及现场平衡[M].北京:中国电力出版社,2007.

[20] 刘凯.汽轮机试验[M].北京:中国电力出版社,2005.